極超音速ミサイルが揺さ

「恐怖の均衡」

日本のミサイル防衛を無力化する新型兵器

能勢伸之

Nobuyuki Nose

はじめに

「恐怖の均衡」を揺さぶる極超音速ミサイル

『「力の均衡（バランス・オブ・パワー）」に取って代わった『恐怖の均衡（バランス・オブ・テラー）』は、永続的な安全保障の基盤ではない」

第2次世界大戦終了から10年目の1955年6月24日、米サンフランシスコで開かれた、国連憲章10周年記念演説で、後に第7代国連総会議長を務めることになるピアソン・カナダ外相が残した言葉である。

「力の均衡」という言葉は、歴史用語でもあり「ナポレオン戦争（1803〜15年）の終わりから第1次世界大戦（1914〜18年）までの欧州の国家システムにおける権力関係を表すために使用され」た言葉であり「国際関係における力の均衡とは、国家または国家群が他の国家または国家群から自己を守るために、その力を他方の力と一致させる姿勢と政策。国家が、取り得る力の均衡政策は2つ。1つは、軍備競争や領土の競争的獲得に従事し、自国の力を高めること。さもなくば、同盟政策に着手し、他国の力を自身の力に加えることによってである」（ブリタニカ百科事典）と定義されている。古代中国の戦国時代における「合従連衡」と意味の重なるところがあるかもしれない。

言い換えれば、〝力の均衡〟の時代では、自国の兵力強化や領土拡大に依存するか、同盟、合従連衡が国際関係において重視された時代であったということであろう。〝力の均衡〟は、欧州だけではなかった。前述の通り、古代中国の戦国時代には「合従連衡」という言葉に代表される状態もあったのである。

では、第2次世界大戦で〝力の均衡〟は、どう変わったのか。ブリタニカ百科事典によれば「第2次世界大戦で、力の均衡の主な重点が西ヨーロッパと中央ヨーロッパの伝統的なプレーヤーから、米国とソビエト連邦の2つの非ヨーロッパのプレーヤーにシフトした。その結果、地球の北半分全体で力の均衡が2極化した」という。2極化した北半球には、米国を中心とする自由主義圏（資本主義圏）vsソビエト連邦を中心とする社会主義圏という異なるイデオロギーに基づき、構造の異なる国家群があった。しかし、ピアソン外相は、イデオロギー対立よりも、それぞれの陣営が保有する〝核兵器〟に眼を向け、次のように演説を続けた。

「平和は1つの水素爆弾に不安を感じ、2つの水素爆弾では、さらに容易ではないと感じる」のだと。これは、一方だけが水爆を保有すれば、安定した平和とはいえず、対立する双方の陣営がそれぞれ水爆を保有すれば、さらに安定した平和は、容易ではないということなのだろう。

「恐怖の均衡」の〝恐怖〟は第2次世界大戦以前にはありえなかった〝核兵器〟の存在を指している。広島、長崎に多大な損害を与えたのは米国の原子爆弾であったが、49年には、ソビエトも原爆実験に成功した。さらに、米ソ両国は、それより爆発威力の強い強化原爆や水爆の実験を実施した。米国の初の水爆実験は、52年11月1日、太平洋のマーシャル諸島で行われ、米国初の水爆〝マイク〟は、実験で、ヒロシマ型原爆とはケタ違いの爆発威力10・4メガトンを記録した。ソビエトも53年8月12日、ソビエト初の水爆とされるRDS－6の実験が行われ、爆発威力約400キロトンを記録した。

第2次世界大戦から10年の記念演説でピアソンは、原爆の次の兵器＝水爆に触れざるを得なかったのである。そして、対立する2つの陣営がそれぞれ、水爆を保有して、辛うじて均衡しても、それは不安定な〝恐怖の均衡〟でしかなく、平和にとっては、不安な状態である、とピアソンは論じたのだ。

第2次世界大戦末期に登場した米国の核兵器は、B－29爆撃機から投下され、広島、長崎に壊滅的な被害をもたらしたが、49年8月には、旧ソビエトも、カザフスタン・セミパラチンスクで、Ｔｕ－４Ａ爆撃機搭載用の核爆弾、ＲＤＳ－１による初の核実験を成功させた。

当初は、米ソともに爆撃機から投下する爆弾のみであったが、核兵器は、それにとどまらなかった。大砲から発射する核砲弾や、核弾頭を搭載したロケット弾、それに、相手国に直接届く大陸間弾道ミサイルや潜水艦発射弾道ミサイル、それに爆撃機に搭載する巡航ミサイルにも核弾頭が搭載された。

そして、飛来する敵の核ミサイルを迎撃するミサイルにも核弾頭を搭載するタイプがあった。潜水艦から放たれる魚雷にも核弾頭を搭載したタイプを米ソともに開発した。

多様化する運搬手段を含め、核兵器は、ピアソンの言う「恐怖の均衡」という時代の扉を開けてしまったが、それは、両陣営の安全保障を安定させえないとピアソンは、説いていたのである。

米ソ（ロシア）２大国は、核兵器と運搬手段を発達させ、量を増やしたが、69年以降、戦略兵器の制限交渉や、削減条約で、ピアソンのいう「（恐怖の）均衡」を意図して維持しようとしてきたと言っても過言ではないだろう。

この〝均衡〟は、米ロが、第１次戦略兵器制限条約（ＳＡＬＴ１：72年）以降、新ＳＴ

ART条約（新戦略兵器削減条約：2010年）、ABM条約（弾道弾迎撃ミサイル制限条約：1972年）、INF条約（いわゆる中距離核戦力全廃条約：87年）等、さまざまな条約で、長年にわたり制限・削減すべき戦略・戦域兵器の種類を決め、その数量に制限目標を設け、査察も実行してきた事で、「恐怖の均衡」が維持されてきた。しかし、2019年に、米ロの射程500〜5500キロメートルの地上発射弾道ミサイル・巡航ミサイルの開発も保有も禁止してきたINF条約が失効した。原因は、ロシアがINF条約違反の巡航ミサイルの開発を行っている、と米側が疑ったことと、INF条約の当事者でない中国が、地上発射のINF射程ミサイルの保有を進めていたことであった。

ピアソンの言葉通り、その不安定さ故に、「恐怖の均衡」は、揺らぎ始めたようであった。〝力の均衡〟の下、当時も今も、その強大な破壊力でゲームチェンジャーである核兵器の登場とその開発・生産の競争が安全保障環境を「恐怖の均衡」に変化させたのであるなら、「恐怖の均衡」を揺るがす、新たなゲームチェンジャーたる兵器は、まだ、その片鱗すら見せていないのだろうか。

1955年以来の「恐怖の均衡」という状態は、たとえ不安定なものであったとしても、2020年現在まで、〝核戦争〟に至らなかったことも事実である。だが、辛うじて、保たれてきた、「恐怖の均衡」の〝均衡〟が新たなる技術の発達で揺らぎ、崩れたらどうなるのか。

米国本土を含む北米大陸の防衛責任者、北米航空宇宙防衛司令部兼米北方軍のグレン・D・ヴァンヘルク司令官は、20年10月29日、ロシアと中国は、極超音速技術を追求し、米本土を危機にさらしている、との認識を示した。そうだとするなら、危機にさらされているのは、米国だけなのか。日本は、無関係でいられるのか。

本書では、「恐怖の均衡」の構造を概観するとともに、近年、中国、ロシアの開発が先行し、米国が遅れをとっている極超音速兵器についても概括する。「恐怖の均衡」が、中国、ロシアの側に揺らぎ、均衡が崩れれば、残るのは何か。

〝恐怖〟――それが、将来、あなたが暮らす世界なのだろうか。

極超音速ミサイルが揺さぶる「恐怖の均衡」　目次

本文中の（※）は、各章ごとの参考文献番号

第一章

「恐怖の均衡」の構造

“恐怖”の元となる核兵器の誕生

1945年8月6日、広島市。米陸軍航空隊のB－29爆撃機「エノラゲイ」から、全長3メートル、直径0・71メートル、重量約4・4トンの「Mk・1リトルボーイ」と名付けられていた1発の爆弾が投下された。リトルボーイは、内蔵された放射性物質、ウラン235の塊2個を衝突させて、核分裂連鎖反応を起こし、瞬時に大爆発を起こした。威力はTNT高性能爆薬に換算して15キロトンに匹敵し、爆心地から約2キロメートル内のほぼすべての建物を破壊、焼き尽くし、その年の12月末までに、約14万人の命を奪ったと推定されている（広島市ホームページ）。これが、人類史上、初の原子爆弾（原爆）の実戦使用であった。

さらに、同年8月9日に、核爆弾「ファットマン」1発が投下された長崎市では、その年の12月末までに7万3844人が亡くなり、7万4909人が負傷。市内の戸数の約36％が被害を受けたとされる（長崎市ホームページ）。重量、4・9トンのファットマンの内部では、放射性物質であるプルトニウム239を高性能爆薬で球状に包み、一気に爆薬が爆発。プルトニウム239を圧縮（爆縮）させて核分裂連鎖反応を起こして爆発した。その威力は、TNT換算で21キロトンに相当した。

広島に原爆を投下したB-29爆撃機エノラ・ゲイ（米国防総省）

Mk. 1 原子爆弾「リトルボーイ」（米国防総省）

破壊力が、従来の火薬を使用する爆弾と比較すると文字通り桁違いの爆弾、原爆が誕生したのだ。

核兵器がもたらす被害は、爆発の瞬間の破壊力だけではなかった。広島でも長崎でも、戦後、生き残った人にすら放射線障害を残した。

米国が、45年に2発の原爆を実戦使用したのに対し、第2次世界大戦で、米国とともに力の均衡の主要プレーヤーに躍り上がったソビエトは、49年に原爆の実験に成功した。原爆は、核分裂による兵器であったのに対し、米ソは、更に威力のある兵器として、原爆を起爆装置とし、原子核を融合させる際に放出されるエネルギーを利用する水素爆弾（水爆）の開発に着手。米国が52年に予備的な水爆実験、ソビエトが53年に初の水爆実験、54年に米国が本格的な水爆実験に成功した。前述の米国の初の水爆実験は、52年11月1日。太平洋のマーシャル諸島で行われた水爆〝マイク〟の実験で、爆発威力10・4メガトンを記録。54年の試験では、15メガトンを記録した。メガトンは、キロトンの1000倍の単位である。ソビエトでも53年8月12日、ソビエト初の水爆とされるRDS－6の実験が実施され、爆発威力約400キロトンを記録した。

米ソの核弾頭の数は、質的変化と並行して増え、第2次世界大戦終了から10年に当たる

55年には、米国が2422個、ソビエトが200個、そして、英国も核弾頭を保有し、全世界では、2636個の核兵器が存在すると考えられていた（※1）。

ピアソン外相が、「恐怖の均衡」と言った55年時点では、〝恐怖〟の元である核兵器の数量は、米ソ間で均衡していなかった。その後は、米ソともに、核兵器の数は増え続け、米国は、3万1255個を数えた67年をピークに減り始めるのに対し、ソビエトは、米国に追いつき追い越せと言わんばかりに数を増やすとともに、61年10月30日には人類史上最大の水爆の実験を実施した。Tu－95N爆撃機から投下された、全長8メートル、直径2メートル、重量25トンのRDS－220、通称ツアーリ・ボンバ（皇帝の爆弾）には、400平方メートルのパラシュートが、4枚が付けられていた。パラシュートは、爆撃機が安全圏まで、飛び去る時間を稼ぐためだった。ツアーリ・ボンバは、北極海にあるノヴァヤゼムリヤ島のソビエトの核実験場の高度4000メートルで投下して爆発した。RDS－220は、この時の爆発実験でTNT換算50メガトンの爆発威力を示した。繰り返しになるが、メガトンは、キロトンの1000倍を意味し、広島に投下されたリトルボーイ（TNT換算：15キロトン）、長崎に投下されたファットマン（TNT換算：21キロトン）と比較すると、単純計算でリトルボーイの3333発以上、ファットマンの2380発以上

世界の核兵器保有数（1945～2010年）

年	米国	ロシア	英国	仏国	中国	イスラエル	インド	パキスタン	合計
1945	2								2
1946	9								9
1947	13								13
1948	50								50
1949	170	1							171
1950	299	5							304
1951	438	25							463
1952	841	50							891
1953	1,169	120	1						1,290
1954	1,703	150	7						1,860
1955	2,422	200	14						2,636
1956	3,692	426	21						4,139
1957	5,543	660	28						6,231
1958	7,345	869	31						8,245
1959	12,298	1,060	35						13,393
1960	18,638	1,605	42						20,285
1961	22,229	2,471	70						24,770
1962	25,540	3,322	288						29,150
1963	28,133	4,238	394						32,765
1964	29,463	5,221	436	4	1				35,125
1965	31,139	6,129	436	32	5				37,741
1966	31,175	7,089	380	36	20				38,700
1967	31,255	8,339	380	36	25	2			40,037
1968	29,561	9,399	394	36	35	4			39,429
1969	27,552	10,538	433	36	50	6			38,615
1970	26,008	11,643	394	36	75	8			38,164
1971	25,830	10,092	309	45	100	11			39,387
1972	26,516	14,478	309	70	130	13			41,516
1973	27,835	15,915	387	116	150	15			44,418
1974	28,537	17,385	457	145	170	17			46,711
1975	27,519	19,055	492	188	180	20			47,454
1976	25,914	21,205	492	212	180	22			48,025
1977	25,542	23,044	492	228	180	24			49,510
1978	24,418	25,393	492	235	190	26			50,754
1979	24,138	27,935	492	235	195	29			53,024
1980	24,104	30,062	492	250	205	31			55,144
1981	23,208	32,049	492	274	225	33			56,281
1982	22,886	33,952	471	274	235	35			57,853
1983	23,305	35,804	450	279	240	38			60,116
1984	23,459	37,431	380	280	249	40			61,839
1985	23,368	39,197	422	360	243	42			63,632
1986	23,317	45,000	422	355	230	44			69,368
1987	23,575	43,000	422	420	230	47			67,694
1988	23,205	41,000	422	410	240	49			65,326
1989	22,217	39,000	422	410	238	51			62,338

1990	21,392	37,000	422	505	232	53			59,604
1991	19,008	35,000	422	540	234	56			55,260
1992	13,708	33,000	422	540	234	58			47,962
1993	11,511	31,000	422	525	234	60			43,752
1994	10,979	29,000	352	510	234	62			41,137
1995	10,904	27,000	422	500	234	63			39,123
1996	11,011	25,000	422	450	234	64			37,181
1997	10,903	23,000	366	450	232	66			35,017
1998	10,732	22,500	281	450	232	68	2	3	34,268
1999	10,685	22,000	281	450	232	70	8	8	33,734
2000	10,577	21,500	281	470	232	72	14	13	33,159
2001	10,526	21,000	281	350	235	74	20	18	32,504
2002	10,457	20,000	281	350	235	76	26	23	31,448
2003	10,027	19,000	281	350	235	78	32	28	30,031
2004	8,570	18,000	281	350	235	80	38	33	27,587
2005	8,360	17,000	281	350	235	80	44	38	26,388
2006	7,853	16,000	281	350	235	80	50	43	24,892
2007	5,709	15,000	225	350	235	80	60	50	21,709
2008	5,273	14,000	225	300	235	80	70	60	20,243
2009	5,113	13,000	225	300	240	80	80	70	19,108
2010	5,000	12,000	225	300	240	80	80	70	17,995

2016年11月2日時点

Robert S. Norris, Hans M. Kristensen
https://journals.sagepub.com/doi/full/10.2968/066004008
上記サイトを元に著者作成

世界の核弾頭推定保有数　1945~2020年

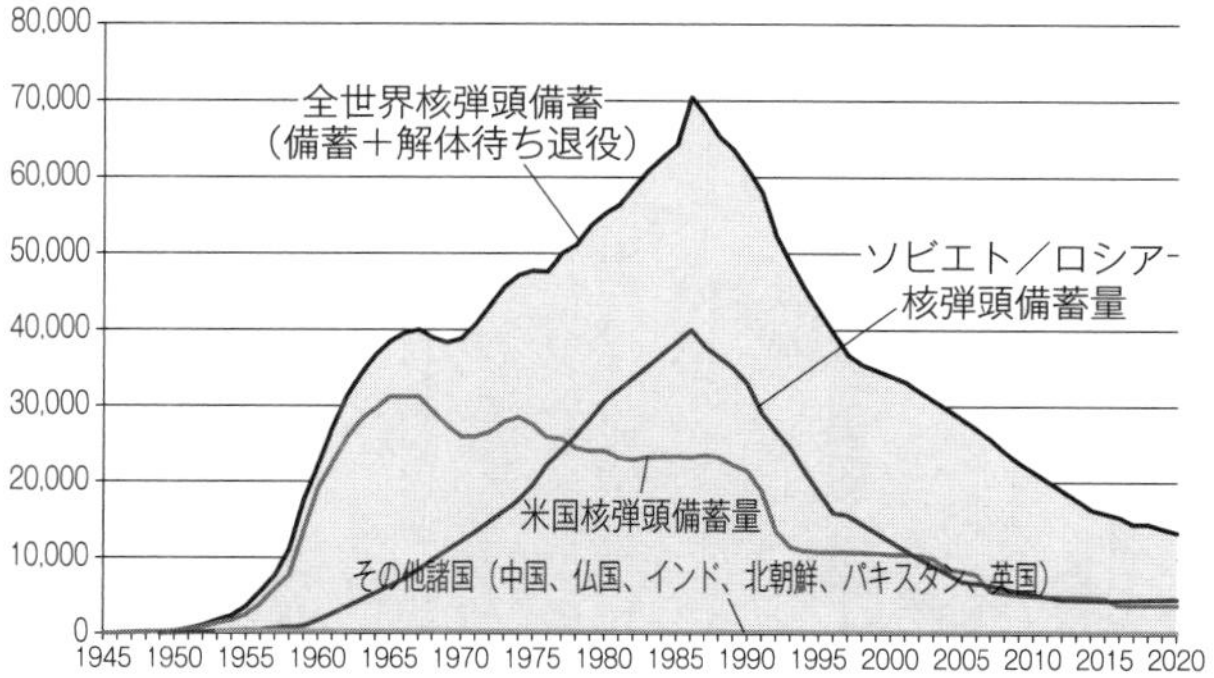

https://fas/org/wp-content/uploads/2020/04/WarheadInvwntories1945-2020.png
上記サイトを元に著者作成

の威力であったことになる。この爆発で当時、爆心地から約50キロメートル離れた住宅が破壊され、数百キロメートル離れた場所の建物の屋根と窓が壊れたとも報じられている（※2）。しかし、この時、使用されたＲＤＳ－２２０は、実験用で、50メガトンに威力を落として実施したのであって、ＲＤＳ－２２０は、設計上、本来は、１５０メガトンの威力を目指したものとする資料もある（※３）。

〝恐怖〟を運ぶ弾道ミサイルの発達

核兵器は、敵に届かなければ意味がない。米ソをはじめとする第2次世界大戦戦勝国は、核兵器を爆撃機から投下するだけでなく、その他の手段も模索し始めた。

その契機となったのは、第2次世界大戦中に、ドイツが開発、実戦使用したＶ－１巡航ミサイル（Ｆｉ１０３）とＶ－２弾道ミサイルである。Ｖ－１は、ジェットエンジンの中でも構造が簡単なパルス・ジェットエンジンを搭載して、高度７６０メートルを時速５６０キロメートルで飛翔。射程は、高性能爆薬を詰めた弾頭が８４７キログラムのタイプで２８５キロメートル。４５０キログラム弾頭のタイプで３７０キロメートル。44年6月12日から9月5日までに、９０００発以上が発射され、その内、２３４０発が英国の大ロンドンに着弾、５０００人以上が犠牲となった。米国は、後に入手したＶ－１ミサイルをコピーを「ルーン」と名づけ、日本が降伏するまでに１０００発以上を生産していた。ルーンの最初の発射試験は、47年に実施され、その後のタイプでは、潜水艦の甲板やＢ－29爆撃機からの発射を実施した。米国は、46年から、マタドール地上発射巡航ミサイルの開発を開始。54年に就役したＴＭ－61Ａマタドール巡航ミサイルは、射程１０００キロメートル。59年に就役したＴＭ－76メース巡航ミサイルは射程１９００キロメートル、または２０００キロメートル。どちらも弾頭には、１メガトンの核弾頭、Ｗ－28が搭載された。

ソビエトもＶ－１巡航ミサイルに注目し、44年からプロジェクトを開始。ポーランドで回収したＶ－１巡航ミサイルを参考に、10Ｋｈ巡航ミサイルを開発、45年のうちに、空中発射のかたちで、飛行試験を実施した。ソビエトのＫ－10Ｓ（ＡＳ－２）空中発射（対艦）巡航ミサイルは、Ｔｕ－16爆撃機搭載用で、射程２５０キロメートル。50年代後半に就役したが、爆発威力５００キロトン核弾頭も搭載可能とみられた。

なお、巡航ミサイルについては、87年に締結された米ソＩＮＦ条約の第2章2項において「その飛行経路の大部分にわたって空力揚力を使い、飛行を維持する無人の自航式飛翔体を意味する」と定義されている。つまり、飛翔経路の大部分にわたって、ジェット機やプロペラ機のように翼や胴体の揚力で飛行を維持するミサイル、というわけである。
世界の弾道ミサイルの始祖とされるV－2弾道ミサイルは、フォン・ブラウン博士を中心に開発された兵器で、44年にドイツ陸軍で就役。V－2は、750キログラムの高性能爆薬を充填した弾頭を積んだ、直径1・65メートル、全長14・0メートルのミサイルで、液体推進剤と酸化剤を使用するロケット・エンジンを使って、垂直に打ち上げられ、胴体外側の4枚の翼の端にある動翼を動かすとともに、噴射口に突き出した4枚の舵を動かし、ミサイルの向きを変更する。V－2の飛翔時間は、約5分間だが、噴射時間は、約1分間。最高到達高度は約90キロメートルで、そこから下降。重力で加速され、プロペラ戦闘機の時代に、最高速度は、秒速1・6キロメートル（約マッハ5）にも達し、最大射程は350キロメートルだった。V－2は、44年9月から45年3月までに、約4300発が発射され、うち、1359発が英ロンドンを標的にしていた。そのうち、517発が大ロンドンに着弾。2480人が犠牲になった。

そもそも弾道ミサイルとは何か。87年に調印された米ロの重要な軍縮条約であったINF条約（2019年失効）の第2章の1、及び、新START条約（10年署名）のプロトコール6・［5］で、「飛翔経路のほとんどで、弾道軌道であるミサイル」と定義されている。つまり、音速の数倍もの高速で楕円《だえん》軌道の一部を描いて飛ぶのが弾道ミサイルということだ。

戦勝国がドイツから入手したV－2ミサイルやドイツ人科学者、技術者は、ソビエトでは、1945年からのSS－1A（R－1）弾道ミサイル開発につながった。SS－1Aは、V－2ミサイルと直径が同じ（1・65メートル）で、全長は、14・65メートル。液体燃料と酸化剤を使用し、弾頭には高性能爆薬を詰め込んで、50年頃に就役した。米国では、敗戦国ドイツからやってきたフォン・ブラウン博士率いるチームによって、射程約320キロメートルのSSM－A－14レッドストーン短距離弾道ミサイルの開発につながった。なお、レッドストーンは、V－2同様、液体燃料＋酸化剤を使用するミサイルで、高性能爆薬、または、1メガトン、ないしは2メガトンの核弾頭を搭載可能。59年に就役し、65年に退役した。迎撃が難しい弾道ミサイルの速度と核弾頭の破棄力が結びつきはじめたのだ。

ソビエトで、さらに、ドイツのV－2の設計を応用したとみられているのが、58年に就役したSS－1Bスカッド A短距離弾道ミサイルだ。射程190キロメートルで、950キログラムの弾頭重量は、高性能爆薬でも、50キロトン級核弾頭でも搭載できた。さらに、射程を300キロメートルに延伸し、62年に就役したSS－1CスカッドBでは、985キログラムの弾頭重量で、高性能爆薬、化学兵器の他に、5～70キロトンの核弾頭も搭載出来たのである。

弾頭に強力な〝核〟を搭載し、射程を延伸すれば、さらに、強力な核ミサイルとなる。50年代初期に開発が開始されたソビエトのR－7（SS－6）ミサイルは、全長27・0メートル、直径2・95メートルの1段式としては巨大なミサイルで、液体燃料＋酸化剤のロケット・エンジンを内蔵した本体の周りに、4本のブースターが取り付けられ、弾頭は、3メガトン級の核弾頭1個とされ、57年に初の発射試験を行った。射程は、8500キロメートルと、ソビエトから米本土に直接、届く性能を示し、史上初めての大陸間弾道ミサイル（以下ICBM）として歴史に名を刻み、60年に就役した。

米国も、ICBMとして、45年にアトラス・ミサイルの開発を開始したが、巡航ミサイル計画を優先するため、47年に開発計画は、いったんキャンセルされた。しかし、54年に開発計画は再開され、1・44メガトン級核弾頭W－49を搭載したMGM－16アトラスDミサイルは、液体燃料＋酸化剤を使う2段式ミサイルで、最大射程1万4000キロメートルとソビエトのR－7（SS－6）ミサイルを優に上回る射程のICBMとして、59年に就役した。後に、最大射程は、1万4000キロメートルとアトラスDと同じながら、核弾頭の威力は、3・75メガトンに強化されたアトラスE／Fというタイプも登場した。

ところで、敵がICBMを発射したら、どうするのか。50年代後期、米軍は、反撃用に核爆弾搭載用のB－47爆撃機を90機、その航続距離を延伸するためのKC－97型空中給油機40機を即座に離陸させる態勢を保っていた。敵が爆撃機の基地に核攻撃をする場合、核爆弾を搭載して滑走路の端に待機していた爆撃機が核爆発の爆風から逃れるためには、地上で15分前の警告が必要だった。米軍が築いた巨大な戦略レーダー網、BMEWSは、敵の領土から米国へ向けて発射される敵ICBMを発射後、15分で捕捉できる事になっていた。これは、地球が丸いため、地表に置かれたレーダーでは、敵ミサイルが上昇し、地平線／水平線を超えないと捕捉できないためであった。このため、米軍は、ソビエトの戦略ミサイルが発射された直後に捕捉することを狙って、赤外線センサーを搭載した人工衛星(早期警戒衛星)、MIDASを、60年代を通して、軌道に打ち上げた。その内の1つ、MIDAS4衛星は、当時の実験で、米軍のタイタンICBMを発射90秒で捕捉したとされた（※4）。

敵ICBMの飛行中にレーダー等のセンサーで、捕捉・追尾すれば、当時の技術では迎撃は出来なくても、自らのＩＣＢＭ等による反撃は不可能ではない。そして、ソビエトもまた、ＤＮＥＳＳＴＲ－ＭやＤｕｇａと呼ばれる巨大レーダー（※５）と、67年に打ち上げられたコスモス１５９をはじめとする、早期警戒衛星網を構築した（※６）。

できるだけ敵に反撃の隙を与えず、味方の反撃の機会を残すには、自国の領土以外から、敵に気付かれずに接近して、核ミサイルを発射できる仕組みが必要になる。

こうして、〝海の忍者〟潜水艦に弾道ミサイルを搭載するプロジェクトが、米ソともに進められた。潜水艦に搭載され、発射される弾道ミサイルは、ＳＬＢＭ（潜水艦発射弾道ミサイル）と呼ばれる。55年、ソビエトのプロジェクト６１１ＡＶ（ズールーⅤ）級潜水艦から、Ｒ－11ＦＭ弾道ミサイル（前述のスカッドＡの潜水艦用バージョン）の発射試験が実施され、２５０キロメートル飛翔した。Ｒ－11ＦＭは、液体燃料＋酸化剤を使用するため、潜水艦の揺れにより液体燃料がエンジンまで正常に流通しないことがある問題があった。プロジェクト６１１ＡＶ級潜水艦は、Ｒ－11ＦＭを潜水艦の艦橋に装填し、浮上して発射する必要があったが、フルシチョフ政権のソビエトは、Ｒ－11ＦＭ搭載用のプロジェクト６１１ＡＶ級潜水艦を、北極を挟んで北米大陸を睨む北方艦隊に４隻、太平洋艦隊に２隻配備した。ソビエトは、61年には、ゴルフ１級ミサイル潜水艦用にＲ－13（ＳＳ－Ｎ

－14）潜水艦発射弾道ミサイルを就役させたが、これも液体燃料＋酸化剤で、弾頭には1メガトン級の核弾頭1個が搭載され、射程は600キロメートルであった。なお、R－13弾道ミサイルは、ソビエト初のミサイル原子力潜水艦ホテル1級の8隻にも搭載された。

一方の米国は、潜水艦搭載用に、固体推進剤を使用する専用の弾道ミサイル、ポラリスを開発した。固体推進剤ならば、潜水艦が海中で揺れても、ミサイルの中の燃料や推進剤が液体ではないので揺れることはない。58年から発射試験が実施され、ポラリス搭載用の潜水艦は59年就役のジョージ・ワシントン（SSBN 598）を筆頭に順次、就役した。ちなみに、ジョージ・ワシントンは、海中からの弾道ミサイル発射が可能だった。ポラリス弾道ミサイルの最初の実用型であるポラリスA－1は、600キロトンの核弾頭1個を搭載する2段式ミサイルで射程2200キロメートル、60年に就役した。61年に就役したポラリスA－2では、800キロトンの核弾頭1個を搭載し、射程2800キロメートル、64年に就役したポラリスA－3では、200キロトンの核弾頭3個を搭載し、射程は4630キロメートルに延伸された。

米国はICBM：1054発／基、SLBM：654発となった67年以来、戦略ミサイルの配備を増やしていなかったが、ミサイルに「個別誘導複数目標再突入体」（MIRV）

を装備するプログラムを実施していた。「ＭＩＲＶ」は、１発のミサイルから、複数の弾頭が放たれるようにして、別々のターゲットに向かうものだ。

核兵器の保有数をみると、77年の「米国：２万５５４２個、ソビエト：２万３０４４個」が、78年には「米国：２万４４１８個、ソビエト：２万５３９３個」とその数は逆転したが、その後も、ソビエトは、核兵器を増やし続け、86年に４万５０００個でピークを迎えたのである。

こうした事態の推移は、当時のソビエトは、恐怖を均衡させるだけでは満足せず、核兵器の数でも爆発威力でも、対米優位の確保を優先したかのようでもあり、86年の米国の核兵器の数は、ソビエトの約半分の２万３３１７個であった（ｐ16、17表参照）。

核兵器を制限する国際条約の真の目的は？

しかし、米ソの核超大国を含め、国際社会は、核兵器について、制限を設けることに無関心であったわけではない。

その１つは、国際条約によって、非核（兵器）地帯を作ろうという考えである。

59年12月に採択された南極条約は、米ソをはじめ、日本、英、仏、アルゼンチン、豪、ベルギー、チリ、ニュージーランド、ノルウェー、南アフリカの計12カ国が採択した、南極における領土主権・請求権の放棄、平和利用をうたった条約だが、その第１条に、南極に「軍事基地及び防衛施設の設置……あらゆる型の兵器の実験のような軍事的性質の措置は、特に禁止する」、第５条において、「すべての核爆発・放射性物質の処分禁止」が盛り込まれており、南極という地域限定ではあったが、非核兵器地帯を設ける条約でもあった。この他にも、ラテンアメリカ及びカリブ核兵器禁止条約（Ｔｒｅａｔｙ ｏｆ Ｔｌａｔｅｌｏｌｃｏ：67年署名）、南太平洋非核地帯条約（85年署名）、アフリカ非核地帯条約（96年署名）、東南アジア非核兵器地帯条約（ＳＥＡＮＷＦＺ：96年署名）があるが、核兵器の絶対的大多数を占めてきた米ソ（ロ）の核兵器を規制する条約は、米ソ（ロ）両国自体が、署名に参加し、批准した条約である。

南極条約に続き、いわゆるキューバ危機（62年）を挟み、米ソは、核兵器開発を抑制するため、大気圏内、宇宙空間、水中での核実験を禁止する部分的核実験禁止条約（ＰＴＢＴ：63年署名）を米ソ英で結び、後に調印国は１１１カ国に拡大した。部分的核実験禁止条約に米英ソが交渉、署名した62～63年頃は、米国の核が２万５５４０個から２万８１３３個に増加。ソビエトも３３２２２個から４２３３８個に増加させているが、米国とはかなりの差が残っていた。

それでも、ソビエトが、交渉を拒否せず、米英とのテーブルに付き、話し合いに応じて、条約の作成に加わったこと自体は興味深いことである。その背景には、前述のツアーリ・ボンバの実験成功（61年）があったからかもしれない。なお、部分的核実験禁止条約（PTBT）は、地下核実験を禁止せず、条約が遵守されているかどうかを確認する検証手段を設けていなかった。これに対して、96年に国連総会で採択された包括的核実験禁止条約（CTBT）は、宇宙空間、大気圏内、水中のみならず、地下を含むあらゆる空間における核兵器の実験的爆発及び他の核爆発を禁止し、現地査察等の手段も設ける条約だったが、2020年現在、米国、中国、エジプト、イラン、イスラエル等が未批准で発効していない。

このように、核兵器を巡る国際環境、特に、米ソを中心とする核兵器大国の間では、まず、核兵器の実験を部分的に禁止する条約を作成することで、開発の実証段階を抑制する方向に進んだようにみえる。

また、1967年の宇宙条約（「月その他の天体を含む宇宙空間の探査及び利用における国家活動を律する原則に冠する条約」ワシントン、ロンドン、モスクワで作成）は、第4条において「核兵器及び他の大量破壊兵器を運ぶ物体を地球を回る軌道に乗せないこと、これらの兵器を天体に設置しないこと……これらの兵器を宇宙空間に配置しないことを約束する」と明記し、宇宙を事実上、非核（兵器）地帯（?）にすることを含んでいた。

次に核兵器保有国を限定する国際条約である。

核兵器不拡散条約（NPT条約：70年）は、米、ソ（ロ）、英、仏、中の5カ国を「核兵器国」と定め、「核兵器国」以外への核兵器の拡散を防止することを意図した条約で、2020年1月現在、191カ国・地域がNPT条約を締約。締約していないのは、インド、パキスタン、イスラエル、南スーダンとされる。

20年10月、批准国が50カ国に達したことで、21年1月に発効することになった「核兵器禁止条約」は、「締約国は、いかなる場合にも、……核兵器その他の核爆発装置を開発し、実験し、生産し、製造し、その他の方法によって取得し、占有し、または貯蔵」しないことを主たる内容とする国際条約である。しかし、この条約が拘束するのは、締約国のみであり、20年末現在、参加していない米・中・ロ等の核兵器保有国を拘束するものではなかった。

しかし、核兵器の運搬手段になりうるミサイル及びその開発に寄与しうる関連汎用品・

技術の輸出を規制するという、からめ手のような国際取り決め「ミサイル技術管理レジーム（ＭＴＣＲ）」も作られた。ＭＴＣＲは、１９８７年に発足。搭載能力５００キログラム以上かつ射程３００キロメートル以上のミサイルや無人機、それに関する技術の輸出も対象とするが、２０１９年現在、米、ロ、日を含む35カ国が参加している。

だが、核兵器大国である米ソ（ロ）の間の核兵器を無秩序でなく、相互に制約する動きがあったことも重要だ。

米ソが相互の戦略核兵器の軍備管理を行うため、テーブルに付いたのは、１９６９年。第１次戦略兵器制限交渉（ＳＡＬＴ１）のためにテーブルには付いたものの、交渉の対象とする兵器システムについても、米ソは、見解が異なっていた。ソビエトは交渉の対象とすべきは「相手側の領土に到達できる米国またはソビエトの兵器システム」という考え方で、これでいくなら、米国の前方展開システム、つまり、空母や欧州に配備された短距離や中距離の爆撃機が含まれることになる。しかも、この考え方を受け入れるなら、米国そのものというより、米国の同盟国が多い西欧を対象にしたソビエトの中距離ミサイルが、米国には届かないので、除外されることになる。そもそも、米国が当時、前方に展開している戦力は、ソビエトが西欧を対象として配備している中距離ミサイルや航空機に対抗するのに意味があったとされる。

また、米ソは、敵の核ミサイルを、核または非核の弾頭付きの迎撃ミサイルで迎撃するABMシステムのプログラムを進めていた。つまり、場合によっては、頭上に降ってくる敵の複数の核弾頭を一気に味方の核弾頭付き迎撃ミサイルで迎撃・破壊しようというものである。このため、米国とソビエトは、SALT1と並行して、ABMについても、協議。72年に締結されたABM制限条約では、ABMの配備基地を米ソが2カ所（74年には1カ所）に限定。1カ所のABM基地に配備できる迎撃ミサイルを100発に制限した。さらに、この迎撃ミサイルの性能について、米ソは、秒速3キロメートルを超えないこと、ABMシステムの開発に必要な標的用の弾道ミサイルは秒速5キロメートルを超えず、射程も3500キロメートルを超えない等、細かな規定を設けていた。しかし、米国は、自らのABMシステム用の迎撃ミサイル、LIM－49Aスパルタン（5メガトン級核弾頭搭載）とスプリント（10キロトン級核弾頭搭載）を83年に一方的にスクラップにした。まるで、ボクシングのノーガード戦法のようだが、当時の米国は、防御手段をあえて持たないことで、敵が米国を核攻撃すれば、米側は、直ちに、躊躇なく、核兵器による報復に踏み切る姿勢であることを知らしめることで、敵の攻撃を抑止しようとしたのである。ちなみに、この考え方は、相互確証破壊と呼ばれる。しかし、２００２年、米国は非核の迎撃ミサイルで〝ならず者国家〟の弾道ミサイルを迎撃する弾道ミサイル防衛（ＢＭＤ）を進めるためには、ＡＢＭ条約の速度制限等が問題になるとして、ＡＢＭ条約から脱退した。

話をＳＡＬＴ１に戻す。

１９７２年に交渉は妥結し、ＳＡＬＴ１条約が、米ソ間で締結。ＳＡＬＴ１条約は、英語では正式には、Interim Agreement Between the United States of America and the Union of Soviet Socialist Republics on Certain Measures with Respect to the Limit of Strategic Offencive Arms（「戦略攻撃兵器の制限に関する特定の措置に関する米国とソビエト社会主義共和国連邦との間の暫定合意」）といい、あくまでも暫定合意の扱いだった。

合意内容の中には、「第1章1972年7月1日以降は、地上固定型のＩＣＢＭ発射装置の建設を新たに開始してはならない」となっている上、潜水艦発射弾道ミサイル関連では、ＳＡＬＴ1条約プロトコールで、米側は、弾道ミサイル原潜の数を44隻以下、発射装置の総数を７１０基に制限。ソビエト側は、弾道ミサイル原潜を62隻以下、発射装置の数を９５０基以下とした。

つまり、ＳＡＬＴ１条約では、米ソは、互いに向けた戦略核ミサイルやその弾頭の数を削減しないものの、両国が戦略兵器の新規追加を行わないことを確認。言い換えれば、米ソともに、自らに向けられた相手の戦略核兵器の存在、そして、その数量を認め、バランス（均衡）をあらためて優先したかたちとなっていた。

ＳＡＬＴ２（第２次戦略兵器制限）条約交渉は、ＳＡＬＴ１条約が署名された72年の翌年から始まった。暫定合意であったＳＡＬＴ１条約と異なり、79年に締結されたＳＡＬＴ２条約の正式名称は「Treaty Between the United States of America and the Union of Soviet Republics on the Limitation of Strategic Offensive Arms」（米ソ戦略攻撃兵器制限条約）となっており、暫定合意ではなく、れっきとした条約であることをうかがわせる。

ＳＡＬＴ２条約で目に付くのは、78年11月1日時点で、米ソ双方が保有していた戦略攻撃兵器の保有数の一覧が了解覚え書きとして添付されていたこと。そして、この条約の対象である「戦略攻撃兵器」の定義がでていること。これは、同条約の第2章で、当時の核兵器大国、米ソ２国が合意した定義ということになる。それによると、

1．射程５５００キロメートル以上の地上発射弾道ミサイルがＩＣＢＭ（大陸間弾道ミサイル）

2．潜水艦発射弾道ミサイルは、１９６５年以降に最初の飛行試験が実施され、潜水艦に

搭載された弾道ミサイル

3．重爆撃機とは、米国のB－52及びB－1爆撃機、ソ連のTu－95及びミャスイーシチェフ（M－4バイソン）爆撃機で、将来、増えた場合は機種名を追加。射程600キロメートル以上の巡航ミサイルを複数搭載。または、複数の空対地弾道ミサイル（ASBM）搭載。

4．空対地弾道ミサイルは、射程600キロメートル以上で、航空機に機内搭載、または機外搭載できる。

5．MIRV（個別誘導複数目標再突入体）搭載ICBMとSLBMは、この条約の署名時点において、米国側：ミニットマンⅢ型ICBM、ポセイドンC－3型SLBM及びトライデントC－4SLBM。ソ連側：RS－16（SS－17）型、RS－18（SS－19）型、RS－20（SS－18）型ICBM、RSM－50（SS－N－18）型SLBMである（なお、再投入体とは、弾道ミサイルの先端に位置し、打ち上げ後、噴射終了後のロケット部分から分離されて、大気圏外に出て、標的に向かって、再び大気圏内に突入する。1発の弾道ミサイルが複数の再突入体を搭載し、それぞれが個別の標的に向かって誘導される再突入体がMIRVである）。

6．ＭＩＲＶ搭載空対地弾道ミサイル（ＡＳＢＭ）の定義。

7．重ＩＣＢＭの定義：最大の軽ＩＣＢＭ（ソビエトＳＳ－19）より、発射重量または投射重量が上回るＩＣＢＭと複雑な規定を設けた上で、第5条においては、ＭＩＲＶ搭載ミサイル発射機・基の数量規制について、ＭＩＲＶ化ＩＣＢＭ及びＳＬＢＭ発射基、ＭＩＲＶ化ＡＳＢＭ及び射程６００キロメートル以上の巡航ミサイル搭載重爆撃機の数は１３２０を超えない。さらに、ＭＩＲＶ化ＩＣＢＭ及びＳＬＢＭ発射基、そしてＭＩＲＶ化ＡＳＢＭの数を１２００以下とし、ＭＩＲＶ化ＩＣＢＭ発射基は８２０以下とすることが決められた。そして、第９条においては、開発や配備が禁止される兵器の種類が明記された。射程６００キロメートル以上の水上艦に配備する弾道ミサイル、地球軌道に載せる核兵器などの大量破壊兵器、重ＩＣＢＭの移動発射機、ＭＩＲＶ化した射程６００キロメートル以上の空中発射巡航ミサイル等が配備禁止となった。

そして、第11条においては、条約で禁止される兵器の解体、または破壊は、条約発効後、6カ月以内に完了することが明記されていた。さらに、ＳＡＬＴ2条約の議定書の第３章では、ＡＳＢＭの飛行試験及び配備の禁止が書き込まれた。

米ソ両国とも、78年11月1日の時点でも、翌79年6月18日の時点でも、（保有していなか

SALT２条約による米ロ戦略兵器保有数

	米国	ソビエト
ICBM発射基	1054	1398
ICBM固定発射基	1054	1398
ICBM（MIRV化）発射基	550	576（608）
SLBM発射基	656	950
SLBM（MIRV化）発射基	496	128（144）
重爆撃機	574（573）	156
重爆撃機（射程600km以上の巡航ミサイル搭載可）	0（3）	0
重爆撃機(ASBMのみ搭載可)	0	0
ASBM	0	0
ASBM(MIRV化)	0	0

アメリカ合衆国とソビエト社会主義共和国連邦との間の戦略的攻撃兵器の制限に関する条約の目的のために、締約国は戦略的攻撃兵器の数に関するデータを検討し、1978年11月１日時点、以下の数が存在することに同意する。

（　）は、1979年６月18日時点

ったとはいえ、）特定分野の兵器の保有を米ソ双方が相互に禁じていたのは興味深い。

また、SALT2 条約の了解覚書に、米ソ両国が、戦略攻撃兵器の保有数を記述しているが、ICBM発射基でも、SLBM発射基でも、ソビエト側が優位だが、MIRV化したSLBMの発射基は、米側が優位である。また、重爆撃機の機数では、米側が優位だ。分野別に見るなら、均衡がとれているとは言い難いが、それでも、米ソが同じ数値を目標としたこと、すなわち、米ソが、軍事外交上は全体として戦略核兵器の〝均衡〟を目標としたと言ってもよいかもしれない。

だが、SALT2条約第4章の8において「ソビエト社会主義共和国連邦によってRS－14と名付けられ、アメリカ合衆国ではSS－16として知られているタイプのICBMをソビエト社会主義共和国連邦は、（SALT2）条約の期間中、製造、テスト、または配備しない。この軽量ICBMは、70年以降に最初の飛行試験が行われ、再突入体1個のみで飛行試験が行われた。ソビエト社会主義共和国連邦はこのミサイルの第3段、ミサイルの再突入体、またはそのミサイルの再突入体を標的に向かわせるための適切な装置を製造しない」と特記されたRS－14大陸間弾道ミサイルは、3段式の固体推進ミサイルで、再突入体に内蔵される弾頭は、単弾頭で1メガトンの威力があり、射程は、9000キロメートル。地面に縦穴を掘り、ミサイルを装填する固定式発射基＝サイロでも、移動式発射機でも使えるというのが特徴のミサイルで、71年に初試験飛行、77年にも配備が開始されると予想された。

当時の米国は、ソビエトにＲＳ－14（ＳＳ－16）ＩＣＢＭの生産・配備をしないことを約束させたうえで、ミサイルの上部にある第３段や再突入体の生産をしないという屋上屋を架すような約束をさせたのである。それだけ、ＲＳ－14（ＳＳ－16）は、脅威であるという認識だったのかもしれない。

ソビエトが、ＳＡＬＴ２条約を遵守し、ＲＳ－14の第３段を生産せず、ＲＳ－14のものとは異なる再突入体を開発・生産すれば、どうなるか。それが、70年代から世界を揺るがす大問題につながったのである。

74年からソビエト軍に就役したＲＳＤ－10（ＳＳ－20）弾道ミサイルは、ＲＳ－14（ＳＳ－16）の第1段と第2段を使用し、４００キロトン級の威力を持つ核弾頭を内蔵した再突入体3個を搭載していた。最大射程は、４７００キロメートル、または、５５００キロメートルのバージョンがあったがどちらも、大陸間弾道ミサイルの条件を満たさない。

このミサイルの存在が、当時の世界の安全保障環境を揺るがし、新たなる米ソ交渉の切っ掛けとなった。ＩＮＦ条約である。

87年に米ソが調印し、翌年、発効したＩＮＦ条約は、２０１９年に無効化するまで、世界の安全保障の基盤の1つであった。

この「ＩＮＦ条約」は、日本語では、しばしば、「中距離核戦力全廃条約」と訳される。だが、英語の正式名称は「Treaty Between The United States Of America And The Union Of Soviet Socialist Republics On The Elimination Of Their Intermediate-Range And Shorter-Range Missiles」。日本語に訳せば「アメリカ合衆国とソビエト社会主義共和国連邦の間の、中距離及び、より短い距離のミサイルの撤廃に関する条約」となる。１９９１年のソ連崩壊後は、ロシアが引き継いだ。この条約の正式名称には、ＮＵＣＬＥＡＲ（＝核）の文字がなく、本文を読んでも、この条約に基づく撤廃の対象を核ミサイルに限定していない。核と非核を問わず、射程で撤廃するミサイルを決めている。しかも、条約の対象は、地上発射『中距離（＝Intermediate）』弾道ミサイル／巡航ミサイルだけではない。〝中距離〟という言葉は、米軍の規定では、射程３０００～５５００キロメートルを指すが、同条約の第2条は、〝中距離〟を「１０００～５５００キロメートル」と独自に規定。また、同条約の〝より短い射程（＝Shorter-Range）〟という独特の用語は

「500~1000キロメートル」と規定されている。

前述の通り、ICBMのコンポーネントを使用したとはいえ、RSD-10(SS-20)は、その最大射程から大陸間弾道ミサイル(ICBM)の範疇には入らない。従って、戦略核兵器には当たらず、当時の戦略核制限条約、SALT2の範疇外であり、同条約で生産や配備を制限することができない兵器だった。

米本土には届かないとしても、米の同盟国・NATO諸国や日本には優に届く。これは、米国が同盟国に約束してきた拡大抑止策〝核の傘〟の信頼性を損なうものだった。

そこで、NATOは、79年、米本土ではなく、NATO諸国に配備すれば、ソビエトに届くパーシングII準中距離弾道ミサイルとトマホーク巡航ミサイルの地上発射型グリフォン巡航ミサイル・システムの開発と配備を行うとともに、ソビエトと交渉を行うという「2重決定」を行った。その後も、交渉の対象となる兵器、地理的範囲をどうするかなど難問があり、交渉は中断を挟み、なかなか成果を見いだせなかった。当時の米レーガン政権は、〝グローバル、ゼロ・ゼロ〟を掲げ、欧州だけでなく、アジアでのINF射程ミサイルの全廃をソビエトに提案した。これに対し、ソビエト側はウラル山脈以西の欧州部での全廃は話し合いに応じる姿勢を示したが、ウラル山脈以東のアジアでの削減や撤去を拒否していた。

ＩＮＦ条約に影響を与えた日本の提案

日本政府が、緊張を強いられたのは、86年2月6日。当時のマンスフィールド大使を通じて、レーガン大統領の書簡が中曽根首相に届いた。レーガン大統領は、この書簡で、ソビエト側に提示する前に、中曽根首相に「私はヨーロッパで米国とソビエトのＩＮＦを全廃し、アジアのＳＳ－20について、まず、少なくとも50％の削減を行い、その後の削減でそれらをゼロにする提案を行う」意向であることを明かした。このアジアの50％というのは、具体的には、発射装置の数で「86～90基」にあたると見積もられていた。

これに対し、中曽根首相は、86年2月10日付でレーガン大統領に返書を送付し「最良の解決は……米ソの全てのＩＮＦをグローバルに全廃することであるとの貴大統領の信念を私も共有する」とグローバル・ゼロがレーガン大統領のそもそもの考えであったことを強調した上で、「欧州ゼロ・アジア50％」という考え方は「アジアにおける核問題を独立した問題として惹起し」、アジアにおける「米国の核抑止力の信頼性の政治的安定度が損なわれる可能性」とアジアに残存するソビエトのＩＮＦを廃棄させる取引の材料として「貴国が北西太平洋地域の安定のために我が国を中心に展開させている海空軍の戦力の特定部分」が議論の対象となって米国の安全保障戦略が「支障をこうむる現実の危険性」を指摘した。この「特定部分」とは、「三沢のF－16戦闘機、横須賀の空母艦載機などのFBS（前方配備システム）、この地域のSLCM（海洋発射巡航ミサイル）」が日本政府の念頭にあったようだ。

日本政府は、さらに具体的な提案を米政府に示した。「米国が最終的に東経80度以東においてソビエトに認めようとしているSS－20基数Xをグローバル枠としてソビエト側に提案し……（中略）X基の配置を（ソビエト中央部の）ノボシビルスク、バルナウル及びカンスクの3基地に限定し、これら基地群は『欧州部』、『アジア部』の区分けをもって呼ばない」（86年2月10日「INF交渉訓令」）として、日本は、SS－20について、欧州部と分けず、あくまでも、世界規模で交渉するよう求めた。これに対し、レーガン大統領は再び中曽根首相に親書を送り「欧州ゼロ・アジア50％」の方針を転換し、欧州とアジアでINFを比例的に削減して89年末までに全廃する案で対ソ交渉に臨む考えを伝えた（86年2月22日）。

だが、米ソ交渉に決定的な影響を与えたのは、次のようなアイデアだったようだ。

87年6月、ベネチア・サミットに出席した中曽根首相は、INF交渉について次のような考えを表明したという。

「全世界的規模でゼロにしなければならない。アジアとヨーロッパにおいて不平等があってはならない。アジアの犠牲においてヨーロッパの問題が解決されてはならない。……終始それを私は強く主張してきた。ソビエト側がどうしてもシベリアに100置くということを主張した由であります。それに対して、アメリカはアラスカを含むアメリカ本土に100置く権利を留保する。アメリカは本土に100という権利を留保すると言っているわけでありますから、ゼロにするためにそういう交渉上の道具をアメリカが持つということを私は容認してしかるべきである」（87年7月6日「衆議院・本会議」）

ソビエトが、ソビエト領内に配備を進めていたINF射程（500〜5500キロメートル）の兵器は、ワシントンD.C.やロサンゼルス等、米本土には届かないが、米領アラスカの他、NATO諸国や日本など、米の同盟国には届く。それに対して、米が欧州NATOやアラスカにINF兵器を配備すれば、ソビエト本国を射程にすることになる。これは、当時のソビエトにとっては、日米からの強烈なメッセージとなっただろう。

米ソがINF条約に署名したのが、87年11月8日。結果は、中曽根首相の主張通り、対象地域を欧州に限定せず、米ソ（ロシア）は、射程500～5500キロメートルの地上発射弾道ミサイルと地上発射巡航ミサイルを全廃することで合意した。これによって、ソビエトが「シベリアに100置く」こともなくなり、日本も安全保障上の利益を得た形となった。INFに限って言えば、「恐怖の均衡」はなく、中曽根首相が主張した〝全廃による均衡〟に向かって、米ソ（ロ）は歩み出したのである。

82年に始まった米ソ「戦略兵器削減交渉（START）」は、91年に米ソ間でSTART1条約として締結された。START1交渉が始まった82年から条約が締結された91年までに米国の核兵器は、2万2886個から1万9008個に減っていたのに対し、ソビエト（ロシア）は、3万3952個から86年に4万5000個を数え、3万5000個になったとみられていた（p16、17表参照）。なお、START1は、Strategic Arms Reduction Treatyの略であり、日本語では、第1次戦略兵器削減条約と表記される。いずれにせよ、米ソが、戦略核兵器の制限ではなく、「削減」で合意した条約として、画期的なものにみえたが、91年のソビエト崩壊により、ソビエトの後継国家で、戦略兵器を保有する、ロシア、ベラルーシ、ウクライナ、カザフスタンの批准が必要になった。戦略核兵器の3本柱（トライアド）である、大陸間弾道ミサイル（ICBM）、潜水艦発射弾道ミサイル（SLB

M)、それに重爆撃機からなる核兵器の運搬手段総数を、94年12月の条約の発効から7年後に、双方とも1600基(機)へ削減すること。ソビエト(ロシア)が保有している重ICBM(多弾頭化されたSS－18)の上限を154基、同ミサイルの核弾頭数の合計の上限を1540個と規定した。さらに、配備される戦略核弾頭数の総数は6000個に制限され、このうちICBM及びSLBMに装着される戦略核弾頭の総数は4900個を超えてはならない。移動式ICBMの核弾頭の数は1100個、射程600キロメートルを超える潜水艦発射巡航ミサイル(SLCM)は、8800発に制限等の規定が設けられた。

2001年12月、米ロ両国は、START1に基づく義務の履行を完了したことを宣言。この結果、01年12月現在の米ロの核弾頭保有数は、米国務省の発表によれば、START1条約で定められた目標の上限6000個を下回り、米国は5949個、ロシアは5518個であった。

米ロは、戦略核の均衡を目標に削減したのか、削減を目標に均衡に近づけたのか、筆者には不明だが、核兵器大国の米ロが戦略核兵器削減を掲げた条約を締結し、履行し、実際に削減したことは、注目すべき事であったろう。米ロは、1993年に、戦略核弾頭数を3000～3500に削減し、MIRV化したICBMの全廃も盛り込んだSTART2

条約に署名した。米ロ間では、97年3月のヘルシンキ米ロ首脳会談の共同声明において、米ロ両国は、START2発効を前提に、START3交渉を開始すること、START3では、2007年末までに双方の戦略核弾頭の数を2000～2500発にすること、その他、戦術核兵器、潜水艦発射巡航ミサイルなどについて交渉することで合意した。ロシアは、00年にSTART2条約を批准したが、ABM制限条約を巡る米ロの態度の違い、特に、02年に米国が北朝鮮等の弾道ミサイル対応を目的に、BMD（弾道ミサイル防衛）開発のため、ABM制限条約から脱退すると、ロシアは、START2条約の義務履行を拒否。START2条約は、失効した。START2条約が発効しなければ、START3交渉は進展しない。恐怖の均衡は、揺らぐかのようにみえた。

その後、米ロ両国は、02年5月、モスクワでの米ロ首脳会談において、戦略核兵器の削減に関する「アメリカ合衆国とロシア連邦との間の戦略的攻撃（能力）の削減に関する条約（the Treaty Between the United States of America and the Russian Federation on Strategic Offensive Reductions)」に署名した。この条約の通称は「モスクワ条約」である。

モスクワ条約では、12年までの10年間で、米ロの戦略核弾頭をそれぞれ1700～2200個に削減することとしたが、この数量は配備された戦略核弾頭数の削減を定めたもので、核弾頭そのものや運搬手段であるＩＣＢＭ、ＳＬＢＭ等のミサイル、爆撃機等の「廃棄」は義務付けられていなかった。このため、米ロとも削減した核弾頭の「保管」が可能だったとされる。

　このような状況下で、米ロ両首脳が10年4月に署名したのが、ＳＴＡＲＴ1条約の後継と位置づけられる「新ＳＴＡＲＴ条約」だ。米ロそれぞれの議会の承認を得て、新ＳＴＡＲＴ条約は、11年2月5日に発効した。新ＳＴＡＲＴ条約において、米ロ双方は、条約の発効から7年以内（18年2月5日まで）に、配備中のＩＣＢＭ搭載弾頭数、配備中ＳＬＢＭ搭載弾頭数、重爆撃機搭載核弾頭の合計を１５５０個までに削減し、配備・未配備のＩＣＢＭ発射基、ＳＬＢＭ発射基及び重爆撃機からなる運搬手段の合計を８００基・機に制限。また、衛星・現地査察を含む検証や査察の規定を設けたほか、5年以内なら延長可能との規定が盛り込まれた。米国務省の18年2月22日の発表によれば、配備中のＩＣＢＭ、ＳＬＢＭ、重爆撃機に搭載された核弾頭の数は、米国：１３５０、ロシア：１４４４。配備中のＩＣＢＭ、ＳＬＢＭ、重爆撃機の合計は、米国：６５２、ロシア：５２７。配備中及び配備されていないＩＣＢＭ発射機・基、ＳＬＢＭ発射機・基、重爆撃機の合計は、米国：８００、ロシア：７７９と、新ＳＴＡＲＴ条約の目標は、達成されたことになった。

米ロは、言うなれば〝恐怖〟を削減した新たな均衡状態に立ったのである。

国際条約に加わらない中国の動向

新START条約は、21年2月に期限を迎える。20年10月20日、米トランプ政権下の国務省は「我々は、核軍備管理の問題について前進しようとするロシア連邦の意欲に感謝している。米国は、検証可能な合意を最終決定するために直ちに会合する準備ができており、ロシアが外交官に同じことをする権限を与えることを期待している」との報道発表を行った。

米ロ間では、19年にINF条約が失効し、21年に期限を迎える新START条約について、米ロは20年に活発な協議を繰り返していた。米国のビリングスリー軍備管理特使は、20年6月22日、ロシアとの会談の前に会場の空席に中国の国旗が並んでいる画像をツイートし、米国は、中国を加えた米・ロ・中の3カ国の協議、条約を目指すべきだと主張した(※7)。これに対して、中国・外交部報道官は「3カ国間軍備管理交渉に参加する意図はない」と繰り返し、「米国が、中国と同じレベルまで核兵器を減らすなら、(米・ロ・中の)3カ国核軍備管理交渉に喜んで参加する、と中国の外交当局者は述べた」(「CNN」20年

7月8日）というのである。同記事によれば、米国もロシアも、少なくとも5000個の核弾頭を保有しているのに対し、中国が保有しているのは約320個。中国が突きつけた難題に対し、米国務省は「中国が軍備管理交渉に関与する姿勢を示したことを歓迎する」と応じたが、米・ロ・中3カ国交渉は、20年時点では実現しなかった。

19年のINF条約崩壊などで、米ロ間で、唯一、残った戦略核兵器の管理・軍縮条約である「新START条約」は、米ロがともに配備済みの核弾頭の数を1550以下にすることなどを決めた核軍縮条約で11年に発効。5年ごとの延長が可能であり前述の通り、21年2月に次の期限を迎える。米ロは、新START条約の今後を巡って、表裏で議論を続けていたが、米ジェームスタウン財団が発行する「ユーラシア・デイリー・モニター」（20年9月24日）によると、米国側は、新START条約の検証手順を変更し、条約を5年未満に延長することを求め、さらに、米政府は、戦略核だけでなく、非戦略または戦術核を含む「すべての核弾頭」を制限するという誓約を含めることを求めた。また、米政府は、ロシアが、次の核軍備管理条約に中国の核兵器とミサイル兵器の制限を含めることへの支持を公約することを望んだのである。米側の交渉担当者は、ロシアは核備蓄を拡大しており、中国はさらに拡大しているが、米国は拡大していない。しかし、米国側は、大規模な核の近代化を計画しており、「2月に新ＳＴＡＲＴ条約の期限が満了した場合、簡単に近代化できる」として、モスクワも中国の核兵器を制限することは利益になると信じている、との姿勢を示した。

ロシア側は、特に米国側の「核の現状凍結要求」を理由に、1度は、米側の提案を「受け入れられない」と拒否したものの、20年10月16日、ロシアのプーチン大統領は、新ＳＴＡＲＴ条約を無条件で1年延期することを提案。しかし、米側が拒否する姿勢を示し、同20日、ロシア外務省は、新ＳＴＡＲＴを1年延長するなら、核弾頭の規制に応じる姿勢を示した。

だが、ここで、気がかりになるのは、ロシアが米国に先行している新兵器「極超音速兵器」である。

極超音速兵器の1つ、極超音速滑空体は、弾道ミサイルの先端にある従来の弾頭に換えて、搭載される飛翔体。例えば、弾道ミサイルのロケット部分を使用して打ち上げ、マッハ5以上の極超音速以上の速度に加速。ロケット部分から切り離された極超音速滑空体（グライダー）は、他国のミサイル防衛網を回避するように機動しながら飛翔し、標的を目指す。

ロシアは、19年に核弾頭を内蔵したとされる極超音速滑空体アヴァンガルドをSS－19（UR－100NUTTkH）大陸間弾道ミサイル2発に装填したと発表しており、SS－19やRS－28重ICBMへの核弾頭を内蔵したアヴァンガルド極超音速滑空体の搭載も1年間、凍結されるのかもしれない。ただ、規制する核弾頭の定義や検証手段なども新START条約期限までに合意すべき課題となるだろう。

米国は、なぜ、中国を軍備管理交渉の対象にしようとし、中国は、それに消極的だったのか。中国と米ロの戦略核兵器の種類と数量を20年時点で、比較してみると、付表（p.52～54）のようになり、米ロと中国では、数量も構成も、かなり大きな差がある。中国の戦略核の3本柱（トライアド）は、ICBMもSLBMも数量で米ロに大きな差をあけられている他、戦略爆撃機（大型爆撃機）は、20年8月時点で中国には存在しない。しかし、米ロが長年、INF条約で保有を相互に禁じてきたINF射程（射程500～5500キロメートル）の地上発射弾道ミサイル／巡航ミサイルについては、中国がINF 条約の当事国でなかったため、別表が示すようにかなりの量を保有。日本を含め、中国周辺国を射程内に捉えている。

米国は、中国のINF射程核兵器だけでなく戦略核兵器の将来に懸念を抱いている。戦

米・ロ・中　戦略核兵器・地上発射INF射程兵器

	米国	ロシア	中国
ICBM (大陸間弾道ミサイル) 地上発射 射程5500km以上	LGM−30Gミニットマン ⅢMk.12AMIRV弾頭(300～350kt)×1～3個、または、Mk21弾頭(300～475kt)×1個搭載x400発／基（サイロ)	RS−12Mトポル(550kt弾頭x1個）x約36発／道路移動発射機 RS−12M 2トポルMmod2（550kt?800kt～1MT?弾頭×1個）x60発／基（サイロ) RS−12M2トポルMmod1（550kt?800kt～1MT?弾頭×1個）×18発／道路移動発射機 RS−18mod3(500ktまたは750kt弾頭×6個)×30発／基（サイロ) ※内、2発/基は、アヴァンガルド極超音速滑空体を搭載したmod4 RS−20mod5(500ktMIRV弾頭x最大10個）x46発／基(サイロ) RS-24mod2（150～250ktMIRV弾頭×約3個）×約136発／道路移動発射機 RS−24mod2（150～250ktMIRV弾頭×約3個）×約14発／基（サイロ)	DF−4（1～3MT弾頭x1個）x約10発／列車・道路移動式発射機or基（サイロ) DF−5A/B（150～350ktMIRV弾頭x 3個)x約20発／基（サイロ) DF−31（1～3MT弾頭1個or20kt,90kt,150ktMIRV弾頭x3~4個）x8発／道路移動発射機 DF-31A（1MT弾頭 1)x24 発／道路移動発射機 DF−31A（G）(MIRV弾頭)x約18発／移動式発射機 DF-41（1～3MT弾頭x2個or20kt,90kt,150ktMIRV弾頭x最大10個）x約18発／列車・道路移動式発射機or基（サイロ)

（表中に？がついた箇所は、確定的な情報ではない）

	米国	ロシア	中国
地上発射INF射程弾道／巡航ミサイル（射程：500〜5500km）	なし	なし 注:米側は、露9M729(SSC−8)巡航ミサイルがＩＮＦ条約違反と指摘。最大射程2500km?	(核弾頭弾道ミサイル) DF−26（核・非核）x約72発／移動発射機 DF−21A／E（90kt弾頭）x約80発／移動発射機 ・・・・・・・・・・・・・・・ (非核？弾頭弾道ミサイル) DF−16（核単弾頭〜3MIRV弾頭）x約24発／移動式発射機 DF−17極超音速滑空体ミサイルx約16発／移動式発射機 DF−21C（機動弾頭)x約24発／移動式発射機 DF−21D（対艦弾道ミサイル）x約30発／移動式発射機 DF−15B（対艦弾道ミサイル？）x約81発／移動式発射機 DF−11A（単弾頭）x約108発／移動式発射機 ・・・・・・・・・・・・・・・ (巡航ミサイル 非核) CJ−10/ CJ−10Ax 約54発／移動式発射機 CJ−100（極超音速対艦ミサイル？）x約16発／移動式発射機

	米国	ロシア	中国
核搭載可能大型爆撃機（搭載核兵器）	B−2A(B−61−11核爆弾x最大16発)x20機 B−52H（AGM−86B巡航ミサイルx最大20発）x46機	Tu−160（Kh−55SM核弾頭巡航ミサイルx最大12発）x10機 Tu−160M1（Kh−55SM orKh−102核弾頭巡航ミサイルx最大12発）x6機 Tu−95MSベアH6（Kh−55SMx6発）x44機 Tu-95MSベアH16（Kh-55SMx最大16発）x16機	なし （開発中：H−20ステルス爆撃機　航続距　離8500km以上？）
戦略ミサイル原潜:SSBN（潜水艦発射弾道ミサイル：SLBM）	オハイオ級（トライデントD−5/D−5LEミサイル〔100kt or 475kt MIRV弾頭x最大8個〕x最大20発）x14隻	Karmar（デルタⅢ）級(R−29RKU−02ミサイル〔450kt弾頭x1個〕x16発）x1隻 Delfin（デルタⅣ）級（R−29RKU−2〔450kt弾頭x1個〕orR−29RMU2.1ミサイル〔100ktMIRV弾頭x最大8個〕）x6隻 Borey級（Bulavaミサイル〔100～150ktMIRV弾頭x最大10個〕x16発）x3隻 ・・・・・・・・・・・・・ (予備役) Akula（タイフーン）級(Bulavaミサイル〔100～150ktMIRV弾頭x最大10個〕x20発）x1隻	晋（094型）級（JL−2〔1MTor3MT単弾頭or20MT、90MT、150MT MIRV弾頭〕ミサイル）x最大12発）x4隻

「ミリタリーバランス2020」、「Jane's Weapons: Strategic」（2020～2021年）を基に筆者作成）

略核兵器やその他の核兵器には、核弾頭が搭載されるが、「今後10年間で、中国の核弾頭の備蓄（現時点では200個超と推定）は、中国が核戦力を拡大し近代化するにつれて、サイズが少なくとも2倍になると予測される」（米国防総省リポート「中国の軍事力2020」）。では、2国間条約で、戦略核弾頭を削減しつつある米ロとの比較では、中国の核弾頭の数量は、どうなるか。

中国には、「約100発のICBMが存在」、「ICBM用の核弾頭は、今後5年で約200個になる」（米国防総省リポート「中国の軍事力2020」）と米国に分析されているが、米ロ新戦略核兵器核削減条約（新START条約：11年2月発効、21年2月に期限）の下、米国は、1750個の核弾頭を配備、4058個が予備／備蓄／解体準備に回され、ロシアも1570個の核弾頭を配備。予備／備蓄／解体準備に4805個を数える状態（SIPRI年鑑2020）で、単純な比較は出来ないものの、中国の核弾頭の数は米ロとは、大きな差がある。

ちなみに、前述の通り、新START条約では、米ロが、ともに、ICBM、SLBM、大型爆撃機の配備数合計を700に、配備済／未配備のICBM、SLBM、大型爆撃機の合計を800とし、配備したICBM、SLBM、大型爆撃機に搭載する核弾頭数を

１５０にまで削減することで合意。18年に、米ロ両国とも、新ＳＴＡＲＴ条約の削減目標を達成していた。

米ロが、戦略核兵器の軍縮をすすめる中、19年10月1日、中国は、建国70周年の国慶節軍事パレードを北京で行い、ＤＦ－41、ＤＦ－31ＡＧ型大陸間弾道ミサイルやＪＬ－２型潜水艦発射弾道ミサイルも披露した。最新の戦略ミサイルであるＤＦ－41型ＩＣＢＭは、3段式の固体推進で射程1万２０００キロメートル程度とされ、米国防総省発行の「中国の軍事力２０２０」に添付された中国核ミサイル射程図によれば、米本土の西海岸だけでなく、ワシントンＤ.Ｃ.やニューヨークも射程圏内だ。さらに、ＤＦ－41には、個別誘導核弾頭（ＭＩＲＶ）が最大10個搭載できるとされる。

ＤＦ－31ＡＧ型ＩＣＢＭのもととなった全長13・０メートルのＤＦ－31型ＩＣＢＭは、核弾頭1個を搭載。射程８０００キロメートルクラスの3段式固体推進式ミサイルで、固定サイロ発射式、鉄道貨車発射装置以外に、道路移動式車両発射機（ＨＹ４３０１）からも発射できる。ＨＹ４３０１は、ミサイル発射筒（キャニスター）1基を載せた4軸のトレーラーを4軸のトラックが牽引する方式なので、路外走行は難しい。移動発射機なのに、展開できる場所が限定されていた。しかし、ミサイルの全長を18・7メートルに拡大し、搭載核弾頭を3個に増やし、射程を1万キロメートル以上に延長したDF－31Aミサイルの開発と前後して、新型の道路移動式発射機＝HY4310が登場した。HY4310は、旧ソビエトの中距離弾道ミサイル（IRBM）で、INF条約に従って廃止されたSS－20の移動式発射機RSD－10に使用されていたMAZ547V（6軸）車両の技術をベースにしたもので、不整地踏破能力が高い。これにより、DF－31AGの展開可能なエリアは拡大。より生存性が高まることになった。

中国は、米ロがINF条約にしばられ、長い間、保有してこなかった射程500～5500キロメートルの地上発射弾道ミサイル・巡航ミサイルを別表（p53）のように保有している。

中国のINF射程弾道ミサイル／巡航ミサイルは、日本や台湾、インドのみならず、ロシア含め、中国の近隣諸国や地域でも無視できる存在ではないだろう。

逆に、中国は、自国のINF射程ミサイルをどのように、自国の安全保障上、位置づけているのだろうか。

米国が、中国の戦略核兵器の動向を注視しているのは、中国の戦略兵器の数の増加だけでなく、質的変貌をも意識しているからかもしれない。米議会に設置されている「米中経済・安全保障問題検討委員会」の19年版報告書は、前述のＤＦ－41大陸間弾道ミサイルの弾頭について「中国は今やこれまで以上に米国本土を攻撃できる兵器を保有しており、その能力を大幅に強化している……これらの機能強化には、道路移動式ＤＦ－41の開発、既存のミサイルにＭＩＲＶ（個別誘導再突入弾頭）搭載、核ミサイルが敵のミサイル防衛を回避できるようにする超音速滑空体技術のテストが含まれる」と分析していた。ＤＦ－41は将来、核弾頭を、米ミサイル防衛網の回避を目指す、極超音速滑空体に搭載する可能性もあると分析していたのである。

極超音速滑空体、そして、それを搭載する極超音速ミサイルとは、何なのか。

極超音速兵器の開発は、そもそも、米国でもオバマ政権下で進められ、「我々は（核兵器と）同じ目的を達成する複数の非核手段を開発している」とバイデン副大統領は位置づけた（10年2月18日）。

究極の核廃絶を掲げたオバマ政権下の米国は、戦略核兵器の非核化のために、極超音速兵器の開発に着手したのである。

第二章

極超音速ミサイル構想の誕生

2009年4月5日、オバマ米大統領は、「核兵器を使用した唯一の核大国として、米国には道義的責任がある。（中略）米国は核兵器のない世界をめざす」とチェコのプラハで演説した。この演説は、世界中で反響を呼び、オバマ大統領にノーベル平和賞をもたらした。その翌年の8月6日の広島平和記念式典には、ルース駐日米国大使が米国の大使として初めて出席。「私たちは核兵器のない世界の実現を目指し、今後も協力しなければならない」との言葉を残した。一方、その半年前の10年2月18日、バイデン副大統領は「我々は（核兵器と）同じ目的を達成する複数の手段を開発している」と言明していた。

バイデン副大統領が言及した〝核兵器と同じ目的を達成する非核手段〟とは、何だったのか。

その答えは、10年2月のQDR（4年ごとの米国防計画見直し）にあった。「国防総省は、CPGS（全地球規模即時打撃非核兵器構想）の複数のプロトタイプを試験する」とあったのである。

そもそも、戦略核ミサイルは、遠く離れた敵を破壊するのが目的だ。米国が1950年代に開発したアトラスE大陸間弾道ミサイルは、射程1万4000キロメートルで、命中精度を示すCEP＝半数必中界半径は、3・7キロメートル。これは、発射したアトラス

Eの弾頭の半数は、半径3・7キロメートルの範囲に着弾するということ。逆に言えば、半数は、その円の外に着弾することになる。標的から数キロメートルも離れた爆発で、敵目標を破壊するためには、爆発範囲の大きな弾頭、つまり、核弾頭を使用することは、軍事的には合理的なものだった。さらに、戦略核ミサイルの重要目標のひとつは、敵国の戦略核ミサイル発射管制施設だったので、例えば、地下に埋め込まれ、巨大な蓋を被せて、防護が強固なサイロを破壊するためには、巨大な破壊力を備えた核弾頭が求められた。だが、技術の進歩は、戦略ミサイルの命中精度を示すCEPも向上させた。米ミニットマンⅢ大陸間弾道ミサイルは、最大射程1万3000キロメートルで、1個または3個搭載される核弾頭の威力は300～475キロトンで、CEPは120メートル。これに対してロシアのトポルM大陸間弾道ミサイルは、最大射程1万1000キロメートル、単弾頭で、その威力は550キロトン。CEPは、350メートルとされた。命中精度が向上すれば、破壊力が大きくなくとも、目標を破壊できる可能性も向上する。こうして、1960年代のメガトン級と比較して、2000年代では、米ロともに核弾頭の威力は数百キロトンに縮小した。米空軍のB－52H大型爆撃機は、AGM－86巡航ミサイルを搭載するが、核弾頭を内蔵するAGM－86B巡航ミサイルは、射程2500キロメートルで、弾頭威力は、

5～200キロトン。そして、CEPは30メートルであるのに対し、高性能爆薬を用いる非核のAGM－86Cブロック1巡航ミサイルは、射程1320キロメートルで、CEPは5メートル、その発展型で非核のAGM－86Cブロック1A巡航ミサイルはCEPが3メートルに向上した。さらに、有名なトマホーク巡航ミサイルは、段階を追って発達し続けており、すでにブロックⅣ、ブロックⅤの段階にあるが、1980年代のブロックⅡの段階で、CEPは、10メートルという精度があった。一方、ロシアが2015年にシリアのIS（イスラム国）拠点攻撃に使用したカリブル巡航ミサイルの最大射程は、1500キロメートル以上で、海上では高度20メートル、地上では、高度50～150メートルで飛翔、CEPは、5メートルとの見方もあった。このような高精度の巡航ミサイルは、ジェット・エンジンを使用するミサイルで、音速を超えるか超えないかの速度のものが多い。これに対して、弾道ミサイルでは、ロケット・エンジンやロケット・モーターを使用し、音速を超えるどころか、マッハ20に達するミサイルも珍しくない。オバマ政権下、CPGS（全地球規模即時打撃非核兵器構想）で検討された主要な兵器が米空軍のCSM（通常〈非核弾頭〉打撃ミサイル）と米海軍のCTM（潜水艦発射弾道ミサイル「トライデント」の通常兵器化）だ。米空軍のCSMとは、何なのだろうか。

大雑把に言えば、ＩＣＢＭのような地上発射の戦略ミサイルに機動する精密誘導の非核弾頭を搭載しようというものだ。実現していれば、ＣＰＧＳ構想に基づく兵器は、非核兵器であり、大量破壊兵器ではないので、核兵器に伴う倫理的、外交的な問題を回避できることになるだろう。

米空軍宇宙コマンドの機関誌「ハイ・フロンティア（High Frontier）」の09年2月号に掲載された、米空軍ＩＣＢＭ部門の少佐の論文によれば、「米国は40年以上にわたり、戦略核打撃力として長距離弾道ミサイルを配備してきた。このところ、米議会は、さまざまなＣＰＧＳ提案を検討している。これは、非核の大気圏内（宇宙という意味で使用される大気圏外とは対照的に大気圏内）のハイパーグライドデリバリービークル（＝超滑空運搬手段）に非核の弾頭を利用して、条約上の懸念を軽減する。これによって、米国は、海外の基地や近くの海軍の存在に関係なく、世界中のどこにでも迅速に攻撃することができる」というのである。

ＩＣＢＭのような大気圏外に楕円の一部を描く弾道ではなく、ＣＳＭは、それよりも低く、大気圏上層の高度、またはそれより上を飛翔する。

前述の論文によれば、このＩＣＢＭより低い飛翔経路により、発射地点から目標まで飛

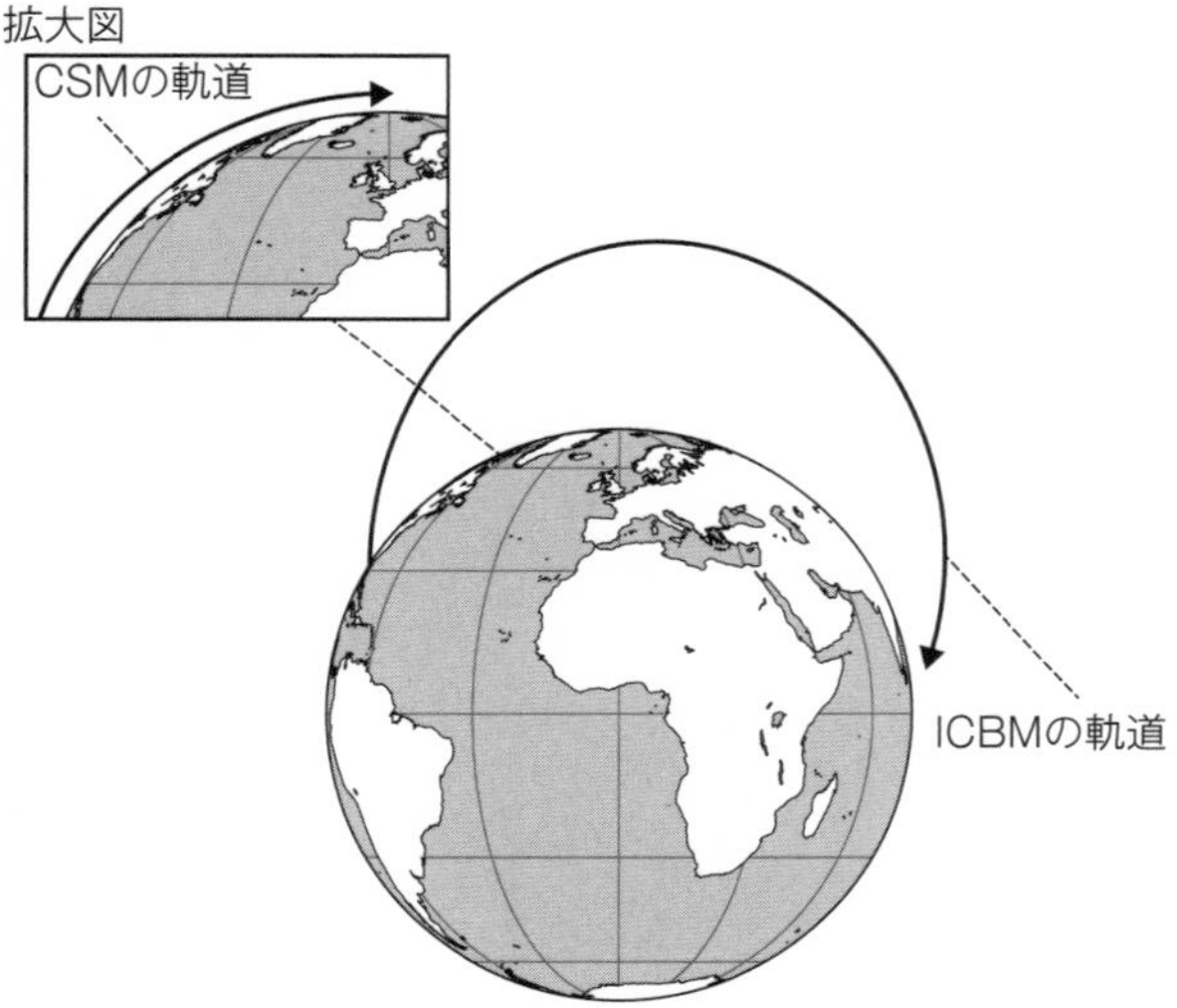

大陸間弾道ミサイル軌道（Ballistic Trajectory）とCSM（非核極超音速ミサイル）の軌道

	ICBM（大陸間弾道ミサイル）	CSM（非核極超音速ミサイル）
9000NM（約１万6000ｋm）	76分	52分
7000NM（約１万2600km）	51分	45分

米空軍スペース・コマンド公式機関誌「HIGH FRONTIER」Vol.５、No.２　p.33

ぶ距離は、楕円の弾道よりも相当に短くなり、短時間で目標に到達することになる。地球の外周が約4万キロメートルなので、地図上で2万キロメートル離れると、地球の正反対の地点に到達することになるが、例えば、発射地点から地理上の距離が1万6000キロメートルの地点が目標の場合、楕円の一部を描くICBMの弾頭は宇宙に飛び出し、大気圏に再突入して、目標地点に76分で到達するのに対し、地球の表面にほぼ平行して飛翔するCSMでは52分。地図上の距離、1万2600キロメートルの目標では、ICBMが51分、CSMは45分で到達すると見積もられていた。

このような時間であるなら、例えば、北朝鮮のように米本土からかなり離れた地点で、弾道ミサイルの移動式発射機が停止し、発射準備に必要な作業をしている間に、物理的には、米本土からのCSMによる攻撃で、発射前の弾道ミサイルを、移動式発射機ごと破壊出来るかもしれない。

CSMの弾頭は、ICBMのような核などの弾頭ではなく、主として、その運動エネルギーだけで目標・標的を破壊するものとされていた。CSMの先端部の大気圏への突入速度は、マッハ23、秒速では6・7キロメートルと予想された。米議会調査局の報告書（2020年）では「1995年8月、米空軍は先端が尖った、爆発しない弾頭をICBM

に搭載して発射。強化コンクリートに近い特性の花崗岩に命中させて、貫通力のテストを行ったところ、突入角90度で30フィート（約9メートル）の深さまで貫通し、既存の貫通兵器をしのぐ貫通力を実証した」（※1）と記述されていた。つまり、ICBMなどのロケット兵器のように弾頭は爆発しなくても、その運動エネルギーだけで、かなりの破壊力があるということなのだろう。CSMの先端に搭載されると想定されていたのは、平べったい三角形の滑空体（グライダー）。空気抵抗を極力、小さくして、CSMの先端から分離した後、大気圏外に出た後、重力で大気圏に突入し、大気圏内をマッハ5以上の極超音速で滑空して、揚力を得て大気圏外に出る。そして、再度、大気圏に突入、脱出を繰り返しながら、目標に接近。目標付近で、内部に搭載された弾頭を放出するという。

CSMの極超音速滑空体には、2009会計年度には、3種類の弾頭が構想されていた。1つは、「ロッズ・フロム・ゴッド」といい、堅く、重い金属製の細長い弾体を複数、放出するもの。次の「ヘルストーム」は、多数のタングステン製の弾体を、例えば、2400平方メートルの範囲に数千発を落下させる。3つめは、BLU－108というセンサー信管弾発展型。BLU－108は、内部に10発の各4・5キログラムの貫通弾を内蔵し、目標を探知すると、貫通弾が高速で命中、破壊する、というものだった。ロッズ・

フロム・ゴッドは、山中の洞窟やトンネル施設の破壊に適し、ヘルストームは、ミサイルの移動式発射機の破壊に適したかもしれない。従来のＩＣＢＭは、大量破壊兵器である核弾頭を敵地まで運搬する手段としてロケットを使用するが、ＣＳＭは、核弾頭等の大量破壊兵器は用いず、運搬手段であるロケットの運動エネルギーを使って、敵の拠点を叩く、という発想の転換を目指したものといえるかもしれない。

しかし、戦略核兵器の非核化という考え方に、ロシアは異議を唱えた。オバマ大統領のプラハ演説の約2カ月後の09年6月20日、当時のメドベージェフ・ロシア大統領は、アムステルダムで発した声明で「戦略攻撃兵器に非核弾頭を備える見通しとなったことは懸念される。そのような兵器は、戦略的な安定に有害だ」として、ＣＰＧＳが戦略的安定に否定的な影響を与えると、不快感を露わにした。

核なき世界を掲げた米オバマ政権は、「恐怖の均衡」の〝恐怖〟の原因である、戦略〝核〟兵器を非核化するために、ＣＰＧＳ構想を打ち出した。これに対して、当時のロシアは、安定＝均衡を重視し、ＣＰＧＳ構想は「恐怖の均衡」の〝均衡〟を損なう動きだと非難したのである。

10年2月18日、米国のバイデン副大統領は「ミサイル防衛の盾、世界的な範囲に届く通常（＝非核）弾頭、開発中のその他の能力、そして、他の核大国が削減に加わることによって、核兵器の役割を減らすことが出来る」と講演した。バイデン副大統領は、非核の極超音速兵器構想＝CPGSをあくまでも「核なき世界」に近づくための重要な一歩だと言わんばかりであった。

そして、10年4月8日に締結された米ロ・新START条約の前文には「通常武装型ICBMやSLBMの戦略安定への影響に留意する」との一文が盛り込まれた。通常武装型とは、非核の意味である。

では、米国は、ロシアの異議を受け入れたのか。

米ロの新START条約の締結から、約2週間後の10年4月22日、DARPA（米国防高等研究計画局）は、カリフォルニア州ヴァンデンバーグ基地から、すでに退役していた大陸間弾道ミサイル、ピースキーパーを衛星打ち上げ用に改修したミノタウロスⅣライト・ロケットを使って、HTV－2という平べったい三角形をした極超音速滑空飛翔体の発射実験を行った。ICBMのロケット・モーターで、極超音速滑空体を打ち上げ、標的に向かって滑空させる、というのはCSMのコンセプトそのものだった。この4月の試験では、HTV－2は、139秒間、マッハ22～17で飛行したが、行方不明となり、続いて、

11年8月11日にも、HTV－2をミノタウロスⅣライト・ロケットで打ち上げたが、ロケットから切り離されてから3分間、HTV－2は、マッハ20までの速度で安定飛行を実証したものの、約9分後、一連の衝撃を受け、異常を起こした後に自律飛行安全システムが、HTV－2を海に墜落させた。

HTV－2のプロジェクトは、2回の飛行試験で終了した。極超音速滑空体としては、成功とは言い難かった。

だが、極超音速ミサイルは、米国以外の国からも注目を集めた。オバマ米政権にとっては、極超音速ミサイルは、戦略〝核〟兵器の〝非核化〟のためのプロジェクトであったが、他の国々にとっては、どうであったのか。

第二章

ロシア・中国が先行する
極超音速ミサイル。
揺らぐ弾道ミサイル防衛？

ロシアの極超音速〝核兵器〟プロジェクト

米オバマ政権が、戦略核兵器の非核化を目指して、取り組んだ極超音速ミサイル開発。これに対して、ロシアのメドベーチェフ政権は、非核弾頭の戦略打撃兵器は「戦略的な安定に有害だ」として、オバマ政権の非核極超音速ミサイル構想を非難した。では、ロシアは、極超音速ミサイルという新たな兵器の分野にどのような態度をとったのか。開発に乗り出したなら、その極超音速兵器はどのようなものだったのか。ロシアのプーチン大統領は、2018年3月1日の年頭教書演説で、映像やCGを駆使しながら、ICBM＝RS－28サルマートや原子力巡航ミサイル＝プレヴェストニク、原子力魚雷＝ポセイドン等とともに、空対地極超音速ミサイル＝キンジャール、極超音速滑空体弾頭＝アヴァンガルド等のプロジェクトを紹介した。キンジャール（※1）もアヴァンガルドも核弾頭搭載可能。オバマ政権は、究極の核廃絶のために、極超音速兵器を開発しようとしたのに対し、ロシアは、極超音速〝核兵器〟のプロジェクトに乗り出していることをプーチン大統領、自らが明らかにしたのである。ロシアは、なぜ、極超音速核兵器の開発に乗り出したのか。プーチン大統領が紹介したアヴァンガルドのCGでは、飛翔コースを変えながら、地上の敵の防空網を避け、標的に向かう様子が描き出されていた。比較的単純な弾道軌道を描き、未来位置（予測される標的の位置）がある程度、予想できる弾道ミサイルの核弾頭と異なり、アヴァンガルドは、それ自身に推進力はないが、ロケットで加速され、切り離された後は、グライダーのように、飛翔コースを変えながら標的に向かうことになる。核弾頭や弾道ミサイルの未来位置がある程度、予測できれば、迎撃ミサイルをその予測位置に誘導することが弾道ミサイル防衛（ＢＭＤ）の前提だが、アヴァンガルドには、その前提が通用しないことになりかねない。

ロシアのＩＣＢＭに搭載するアヴァンガルドは、「ミサイル防衛を克服する手段」であり、内蔵される核弾頭の「出力は、８００キロトン～２メガトン」と広島型原爆の「約１３０倍に相当」（「ＲＩＡノーボスチ通信」18年12月18日）と報じられていた。核廃絶のための極超音速ミサイル開発とミサイル防衛を突破できる核ミサイルを開発するための極超音速ミサイル。なお、極超音速ミサイル兵器には、主として、ロケットで打ち上げられ、充分に加速した後、切り離され、推進力は持たないものの極超音速というマッハ５以上の速度でグライダーのように、滑空する〝極超音速滑空体（ＨＧＶ）〟兵器と、ロケットで、充分に加速された後、空気取り入れ口を開き、高速の空気を取り入れ、燃料の燃焼を促すスクラム・ジェットを使用する飛翔体がある。

極超音速滑空体の場合、飛翔経路のほとんどで推進のための噴射がなく、飛翔高度が低ければ大気圏再突入もない。つまり、弾道ミサイルに比べて熱の発生が少ない。極超音速滑空体兵器についての米議会調査局報告（※2）は「極超音速の標的は、米静止軌道衛星（早期警戒衛星ＳＢＩＲＳ－ＧＥＯ）によって、普段、追尾している対象よりも10〜20倍暗い」との米国防総省高官の見解を紹介している。つまり、極超音速滑空体は、弾道ミサイルの弾頭より、低く飛ぶ上、赤外線センサーを搭載して弾道ミサイルの発射を監視している早期警戒衛星での追尾が難しい、ということだ。

次にスクラム・ジェットを使用する極超音速ミサイル兵器だが、そもそも、スクラム・ジェットとは何か。一般に、ターボジェットと呼ばれるジェット・エンジンは、前方から吸い込んだ空気を回転するファンで圧縮し、それを燃料と混合して、燃焼させ、推進力を得る。これに対して、スクラム・ジェットエンジンは、高速（超音速）で流入する空気をあまり圧縮せず、燃料の燃焼を行うエンジンで、マッハ4以上の速度に適しているとされる（※3）。つまり、ロケットモーターやロケットエンジンで充分に加速された飛翔体なら、スクラム・ジェットも適していることになる。

ロシアが、そのＩＣＢＭ、ＳＳ－19（ＵＲ－100ＮＵＴＴＫｈ）とＲＳ－28にアヴァン

ガルドを搭載する動きを示していることは、米国にとって、気になるところだろう。「ロシアと中国は、多数の極超音速兵器プログラムを備えており、早ければ、2020年中に、核武装した極超音速滑空体を運用可能にする可能性も指摘されている」（※4）という。

新START条約は、21年2月に期限を迎えるが、当事国である米ロが合意すれば5年間の延長が可能だ。だが、現行の条文のまま、延長され、ICBMの弾頭を極超音速滑空体の核弾頭に交換すれば、弾頭の捕捉が難しくなり、ミサイル防衛を突破しやすくなる。「通常武装型ICBMやSLBMの戦略安定への影響に留意する」と新START条約の前文にあるのは、非核の極超音速ICBMやSLBMのことで、核弾頭を内蔵した極超音速滑空体や極超音速巡航ミサイルを搭載した、核弾頭内蔵極超音速ICBMやSLBMは、「留意」の対象とは読めない。

ロシアは、また、Kh－47M2キンジャールも開発し、発射試験を19年3月の時点で12回、実施し、18年7月には、約800キロメートル離れた標的に対する試験にも成功。20年から配備が開始されるという（「CNBC」19年3月21日）。

キンジャールの搭載機は、最高速度マッハ2・83とされるMiG－31BM戦闘機を改造したMiG－31K型機で、10機存在すると伝えられている。キンジャールは、MiG－31

Kの胴体にぶら下げられるALBM（空中発射弾道ミサイル）に分類されることもある。キンジャールは、ロシアの短距離弾道ミサイル／巡航ミサイル・システム、イスカンデルMに搭載される射程500キロメートルの「戦術弾道ミサイルをベースに開発された」（「タス通信」19年7月18日）とされ、ベースになった戦術弾道ミサイルは、最高速度マッハ5・9の9M723弾道ミサイルの空中発射型との見方もある。後述する北朝鮮のKN－23も、ロシアのイスカンデルMシステムから発射される9M723ミサイルに外観や発射方式が似ており、速度はマッハ6・9以上を記録し、飛跡は機動した。キンジャールについても「（MiG－31Kから）発射後、回避機動をしながら、マッハ10まで加速。射程2000キロメートル」（「The Diplomat」19年8月13日）になるとみられているが、キンジャールを複数搭載可能なTu－22M3バックファイア爆撃機に搭載・発射する場合、「（爆撃機の戦闘半径を加えた）射程は3000キロメートル以上に達する」（「タス通信」19年7月18日）との説もある。

ロシアの航空機搭載用の極超音速ミサイル計画は、キンジャールだけではない。ロシアでは、第5世代機にあたるSu－57ステルス戦闘機用の空対地極超音速ミサイル・プロジェクトも報じられている。「ロシアの軍産複合体の企業は、Su－57戦闘機での機内搭載のための小型の空対地極超音速ミサイルのプロトタイプを作成した」、「（Ｓｕ－57機内に）搭載する予定なのは（ＭｉＧ－31Ｋ搭載用の）キンジャールに似た特性を備えたミサイル」（「タス通信」20年2月23日）という。

機内搭載が強調されているのは、Ｓｕ－57のステルス性能を毀損することがないようにするということだろう。Ｓｕ－57のように運動性能の高いステルス機から、地上攻撃用の極超音速ミサイルが発射されるなら、米国及び、その同盟国にとっては、極めて、難しい事態かもしれない。

この他に、ロシアでは、海軍が、３Ｍ22ジルコン極超音速艦対艦／艦対地ミサイルの配備を予定している。これは、固体推進ロケットで、発射、加速し、充分な速度を得られると、ロケット部分を切り離して、スクラム・ジェットを使用し、最高速度マッハ９級で飛翔するとされる。プーチン大統領自らの説明（19年2月20日）によれば、ジルコンの最大速度は、マッハ９、射程は１０００キロメートル以上となっている。そして、ウダロイ級駆逐艦「マーシャル・シャポニコフ」、オスカーⅡ級巡航ミサイル原潜「イルクーツク（Ｋ１３２）」が、近代化工事の際に、ジルコン運用可能艦になる。マーシャル・シャポニコフは20年、イルクーツク（Ｋ１３２）は22年に近代化工事を終了し、ロシア海軍に引き渡される予定（「タス通信」19年11月8日）であり、ジルコン極超音速ミサイルの実戦配備は23年から始まり、将来は、アドミラル・ゴルシコフ（22350型および22350M型）級フリゲートにも搭載予定。さらに、キーロフ級原子力巡洋艦アドミラル・ナヒモフも3S－14UKSK－Kh垂直発射基×10基にジルコンは、1基あたり、8発ずつ搭載可能。他にピョートル・ヴェリーキイ、ヤーセン級原子力潜水艦、LIDER級原子力巡洋艦にも搭載される見込みで、20年中にヤーセン級原潜カザンからジルコンの発射試験が実施される見込みだったという（「タス通信」19年3月20日）。

前述のジルコン搭載予定のウダロイ級駆逐艦「マーシャル・シャポニコフ」、オスカーⅡ級巡航ミサイル原潜「イルクーツク（K132）」のどちらも、太平洋艦隊所属艦であることは、日本としても無視できないことだろう。ジルコンの試験発射では、3S－14艦載垂直発射機から発射されたとみられている。3S－14発射機は、多様なミサイルを装填できる垂直発射機で、「プロジェクト22350フリゲート」の他、「プロジェクト20380コルベットヤーセン級潜水艦」に装備される。20年1月上旬に、「プロジェクト22350アドミラル・ゴルシコフ」からの試射を実施。バレンツ海から、北ウラル山脈の演習場の標的に向けて、500キロメートル以上を飛翔した（「タス通信」20年2月27

日)。

水上艦だけでなく、ヤーセンＭ（プロジェクト８８５Ｍ）級原子力潜水艦「カザン」でもジルコンの搭載、管制等、受け入れのための試験が20年6月段階で実施されており、ジルコンの発射試験が、20年秋に、実施される予定だった。成功した場合、同巡航ミサイル原潜（カザン？）は、20年末、または、21年にロシア北方艦隊に配属される見通しだという。
(「Navy Recognition」20年6月18日)。

ロシア海軍は、20年に水上艦からジルコンを発射、飛翔距離５００キロメートル前後の試験を繰り返したが、最大射程１０００キロメートルのジルコンを装備する「アドミラル・ゴルシコフ級フリゲート」は、どのように〝照準〟するのだろうか。この点について、ロシアのメディアは、「プロジェクト８８５型ヤーセン級攻撃型原子力潜水艦」が、〝敵〟を検出し、アドミラル・ゴルシコフ級フリゲートに標的指示を与える、と報じていた（「イズベスチャ」20年12月17日)。これが正しいとすれば、原潜は、どのように〝敵〟を検出し、数百キロメートル離れたフリゲートに伝達するのだろうか。前記の記事は詳細に触れていないが、ヤーセン級原潜は、探知距離70キロメートルともいわれるＭＧＫ－６００ソナーや海面捜索用のＩバンドレーダーも備えている。そして、衛星通信装置も備えているので、捕捉した〝敵〟を衛星経由で、水上艦にニア・リアルタイムで伝達するのも不可能ではないかもしれない。

では、日本周辺への配備は、どうなるのだろうか。基準排水量4550トンのアドミラル・ゴルシコフ級フリゲートは、8隻建造される計画で、太平洋艦隊と北方艦隊に3隻、黒海艦隊に2隻配備され、太平洋艦隊の3隻には、いずれも、ジルコンが搭載される見通し。ロシア太平洋艦隊への配備は、1隻目のアドミラル・アメルコが23年に、残り2隻は、25年までに配備される見通しだ（「Naval News」20年6月16日）。

また、ロシア海軍は、満載排水量2235トンのストレグシュチィⅡ／グレミャーシュチイ（プロジェクト20385）級フリゲートにカリブル巡航ミサイル8発（8セル）搭載用のUKSK発射機を搭載しているが、「ジルコンがオプションのリストに追加された」うえで、同型艦のグレミャーシュチイとプロヴォーカルヌイの2隻が「19年中に太平洋艦隊で就役」（「フォーブス」19年11月5日）との見方が伝えられていた。さらに、満載排水量3400トンとされるマーキュリー（プロジェクト20386）級も対艦巡航ミサイル8発が「搭載可能なので、ジルコンも搭載可能」との見方が記述されていた。マーキュリー級は、10隻建造される予定であるため、ロシア太平洋艦隊にも配属される可能性は高いだろう。

こうしてみると、ロシア太平洋艦隊の水上艦の中でも、満載排水量2000トン級と比較的、大きいとは言い難い、少なくとも5隻のフリゲートが数年以内に極超音速ミサイルを装備可能となりそうだ。

もちろん、ジルコンは、ロシア海軍の水上艦にだけ装備されるわけではない。前述の通り、ジルコンの発射試験を実施するK－561カザンは、ロシア北方艦隊に所属する可能性もあるが、「ジルコンはまた、最新の巡航ミサイル潜水艦であるK－561カザンによって運用される予定で、これも太平洋艦隊に加わる」（「フォーブス」19年11月5日）との見方もあった。K－561カザンは、ヤーセンM（プロジェクト885M）級原潜の1隻。ヤーセンM級原潜には、SS－N30カリブル巡航ミサイルやSS－N－27対艦ミサイル32発を装填できる3S－14垂直発射機を装備しているので、同級は、前述のミサイルとジルコンを混載することになるだろう。

また、ロシア太平洋艦隊のオスカーⅡ（プロジェクト949A）級巡航ミサイル原潜は、前述のイルクーツク（K132）の他に、チェルヤビンスク（K442）、Tver（K456）は、17年頃から、SSN－27A（3M54カリブル）対艦巡航ミサイル、SSN－30

A（3M－14カリブル）地上攻撃用巡航ミサイルが運用可能なように改修された（「ジェーン海軍年鑑　2017～18」）という。垂直発射機等が、カリブル巡航ミサイルとジルコンで、共通性があるなら、ロシア太平洋艦隊の将来として、注視すべきことかもしれない。

ロシア海軍では、プーチン大統領の68歳の誕生日にあたる20年10月6日、北方艦隊のフリゲート「プロジェクト22350アドミラル・ゴルシコフ」が、白海からジルコンを450キロメートルの海上標的へ発射し、最高高度は28キロメートル、マッハ8以上の速度に達して、飛翔時間4分半で目標へ命中した（「タス通信」20年10月7日）。6日の標的はバレンツ海にあり、試験〝成功〟については、ヴァレリー・ゲラシモフ参謀長からビデオ通信でプーチン大統領に報告された（「ロイター」20年10月7日）。「アドミラル・ゴルシコフ」からのジルコン発射試験は、20年中にさらに3回実施される予定で、空母を模倣した洋上の標的や模擬戦略目標を標的にする（「タス通信」20年10月9日）とされていた。そのうちの一回は、11月に実施され「北方艦隊のフリゲート『プロジェクト22350フリゲート：アドミラル・ゴルシコフ』が、白海からバレンツ海の450キロメートル離れた標的へジルコンの試験発射を実施。今次試験におけるジルコンの飛翔速度はマッハ8を超え、標的は成功裏に撃破された。この発射試験実施のためにバレンツ海の海域は閉鎖され、このためにロケット巡洋艦「マルシャル・ウスチーノフ」とフリゲート「アドミラル・カサトノフ」を含む北方艦隊部隊が参加した（「タス通信」20年11月26日）。

このように発射試験を繰り返しているジルコンだが、プーチン大統領の19年2月の教書演説で紹介された際には、速度は約マッハ9、最大射程1000キロメートルとされていた。今回の発射試験で飛翔距離が、プーチン大統領が紹介した最大射程の約半分となったのは、地上の動かない標的ではなく、洋上の動く標的だったからなのだろうか。

ジルコンの発射装置である3S－14発射機は、ヤーセン級潜水艦に装備される。ヤーセンM級（プロジェクト885M）攻撃型原潜のカザン（K561）では、すでにジルコン極超音速ミサイルの搭載試験が実施されているのだ。

また、「プロジェクト949AオスカーⅡ級原子力潜水艦」の主要兵装は、24発のグラニット対艦ミサイルだが、そのうちの1隻イルクーツク（K－132）は、太平洋艦隊所属で、1997年に予備役だったが2019年から始まった近代化工事によって、長期的にはカリブルーPLまたはオニックス・ミサイルを使用できるようになるはずで、将来は、ジルコンも運用可能になる見通し。イルクーツクは、23年頃に太平洋艦隊に復帰の見込みだ（「タス通信」20年9月25日）。つまり、ロシア太平洋艦隊には、ジルコン搭載能力のある潜水艦が23年頃に配備される可能性がある。

北朝鮮の変則軌道ミサイル、KN－23

ミサイル防衛を突破するためのミサイル開発は、ロシアだけではなかった。2019年は、極東でのミサイルの脅威が大きく変化した年と記録されるかもしれない。同年5月4日及び9日、北朝鮮は2度にわたって、ミサイルや多連装ロケット砲、自走砲の発射訓練を行い、事後、これ見よがしに、発射した兵器の画像を公開した。5月4日、韓国軍合同参謀本部は、「（北朝鮮が）同日午前9時6分頃、日本海側の元山近辺から、短距離ミサイルを発射」と発表したが、同日午前10時11分、韓国の聯合ニュースは、韓国軍合同参謀本部が「数発の飛翔体」に修正し、「70～200キロメートル飛行した（後に70～240キロメートルに修正）」ことを報じた。翌5日、北朝鮮の労働新聞や朝鮮中央放送等のメディアが、金正恩委員長が「大口径長距離放射砲（多連装ロケット砲）や新型戦術誘導兵器の運用能力などを点検」する「火力打撃訓練」を視察した、と報じた。記事に使用した兵器の名称は無く、添付されていた画像には、3種類の兵器が写っていた。KN－09と呼ばれる300㎜多連装ロケット砲と「主体100」と呼ばれる240㎜多連装ロケット砲、それに、ロシアの自走式弾道ミサイル／巡航ミサイル・システム、イスカンデルで使用される9M723（または、9M723－1）短距離弾道ミサイルにそっくりだが、先端や翼の形状が微妙に異なり、大きさも異なるミサイルで、のちに米軍から「KN－23」と呼ばれることになったモノである。北朝鮮メディアの言う「新型戦術誘導兵器」が、この〝KN－23〟を指していたのなら、北朝鮮もまた「弾道ロケット（ミサイル）」という言葉を避けた可能性がある。

北朝鮮は、もともと、国連安保理決議第2087号で「北朝鮮に対し、弾道ミサイル技術を使用したいかなる発射も……実施しないこと。弾道ミサイル計画に関連するすべての活動を停止すること」が求められていた。北朝鮮の19年5月4日の発射は安保理決議に違反したのか。ここで、あらためて、注目されるのは、「弾道ミサイルとは何か」ということだ。国連には、明文化した弾道ミサイルの定義がない。しかし、前述の通り、米ロ間の重要な軍縮条約であったINF条約（1987年調印、2019年無効化）第2章の1で「弾道ミサイル」を「その飛行経路の大部分にわたって弾道軌道を有するミサイルを意味する」と定義。また、新START条約（10年署名、21年2月に期限）では「プロトコール6・（5・）弾道ミサイルとは、飛翔経路のほとんどが弾道軌道（楕円の一部）」と定義していた。

つまり、楕円の一部を描いて飛ぶミサイルが弾道ミサイルということだ。しかし、ロシアの9M723短距離弾道ミサイルは、最大射程500キロメートル、高度80キロメートルとされているが、これは、弾道軌道（楕円の一部）で飛ばした場合で、4枚の動翼や、噴射口の中に突き出し噴射の向きを変える4枚のベーン、それに、8個の小型噴射装置（とみられる）を使って、発射直後に進行方向を変えつつ上昇、どちらの方角に向かうか分かりにくくした上で、敵レーダーを掻い潜るように低く、標的の方向に飛び、標的の近くで、さらに機動するとされる。この飛び方は、飛距離が短くなるものの、西側の弾道ミサイル防衛をかわせるというものだ。韓国軍は、イスラエル製のグリーンパイン・レーダー2基を装備し、北朝鮮の弾道ミサイルや巡航ミサイルの飛跡を詳細に把握するといわれている。19年5月4日がKN－23の初めての発射で、そこで9M723ミサイルのように、ミサイル防衛をかわすような飛び方をしていたのならば、弾道軌道と簡単には断定できず、前述の条約上の弾道ミサイルの定義に当てはめることは困難と、19年5月4日時点の韓国軍は判断したのかもしれない。ポンペオ米国務長官も、同日の時点では「短距離」との判断こそ示したが、弾道ミサイルかどうかは明確にしなかった。ただ、北朝鮮は、19年5月

9日にも、午後4時29分と同49分頃、北朝鮮・北西部の平安北道・亀城から飛翔体を1発ずつ、東の方向へ発射。推定飛翔距離は、約420キロメートルと約270キロメートル、高度は約50キロメートルで、米国防総省は19年5月9日、「複数の弾道ミサイル」と分析。当時の岩屋防衛相も「弾道ミサイル」と分析した上で「国連安保理決議違反」とコメントした。19年5月9日の発射には「楕円部分」が認められたということだろうか。北朝鮮は、同年7月25日に再度、KN－23を発射。約600キロメートル飛翔し、到達高度は約50キロメートルだったが、米韓連合軍は翌26日、「プルアップ（pull－up＝下降段階で上昇飛行）機動をした」と公式に認めた（「韓国・聯合ニュース」19年7月26日）。さらに、北朝鮮のメディア「労働新聞」も同日、金正恩委員長が「発射の全過程を注意深く観察し、今日、我々は、新型戦術誘導兵器システムの優位性と完全性をよりよく知ることとなった。特にこの戦術誘導兵器システムの迅速な火力対応能力、防御するのに容易ではない低高度滑空ジャンプ飛行軌道の特性とその戦闘的威力を直接、確認して確信できるようになり満足したと述べた」と報じた。つまり、KN－23は、北朝鮮側の表記でも、米韓連合軍の評価でも、単純な弾道軌道（楕円の一部）を描かず、INF条約や新START条約の「弾道ミサイル」の定義から外れかねない飛び方をしたことになる。

どうして、こんなことが可能になるのか。北朝鮮メディアがリリースした画像を見るとKN－23は、イスカンデルMシステムで運用される9M723（または、9M723－1）ミサイル同様、噴射口に4方向から差し込まれたベーンが、噴射そのものの向きを変えていた。また、噴射口の周りには、4枚の操縦翼があり、噴射終了後も、滑空するKN－23ミサイルの飛翔方向、高度を変更しうる。

さらに、同年8月6日にもKN－23は発射されているが、韓国軍合同参謀本部は、「到達高度は約37キロメートル、飛距離約450キロメートル、最高速度は、マッハ6・9以上」と発表した。マッハ5を超える速度は、極超音速である。

韓国内には、韓国空軍のPAC－3CRIミサイルとPAC－2GEM－Tミサイルの発射機×計48基と米陸軍のTHAAD地対空システム1個中隊がミサイル防衛用に展開している。

もともと、楕円の一部を描く弾道ミサイルであれば、防御側は、高性能のセンサー、コンピュータでもって、その未来位置が予測できる。これが現在のBMD（弾道ミサイル防衛）の前提だが、KN－23の軌道は、低いため、地上や海上のレーダー等のセンサーで捕捉しにくい。そのうえ、下降途中で上昇（プルアップ／ジャンプ）して、弾道軌道にならなないとすれば、未来位置の予測が困難となり、BMDの前提が狂うことになる。

イージス艦で使用する迎撃ミサイル、SM－3は、弾道ミサイルを空気の薄いところで迎撃することを前提に迎撃弾頭が設計されており、高度70キロメートル未満では、迎撃が難しいとされている上に、軌道が変化するのなら、弾道ミサイルの弾頭の位置の予測が困難で、イージス／SM－3では迎撃は厳しいだろう。

また、KN－23は、従来の弾道ミサイルの定義「弾道軌道（楕円軌道の一部）を描いて飛ぶ」に当てはまらない可能性があるが、国連安保理決議が北朝鮮に禁止していることの1つが「弾道ミサイル技術を使用した……発射」であるため、ロケット・モーターを使用するKN－23の発射そのものは、安保理決議違反にならないとは言い難いだろう。

だが、このような①低軌道、②滑空段階で変化する軌道、というミサイル技術を北朝鮮が手中にしたということは軽視できることではない。KN－23について、防衛省は「ロシアのイスカンデルと外形上の類似点」があるとしたうえで、「イスカンデル」の特徴について、①上昇時の機動、②低空軌道によるレーダー回避、③ステルス性が高く小さいレーダー反射、④終末段階の機動をあげている（防衛省「北朝鮮による核・弾道ミサイル開発についいて」20年4月）。これは、イスカンデルMシステムに搭載・発射される9M723ミサイルのことを指しているとみられる。９Ｍ７２３の特徴が、そのまま、ＫＮ－23に当てはまるかどうかは不明だが、防衛省は「北朝鮮自身も『防御が容易ではないであろう……低高度滑空跳躍型飛行軌道』等と発表」したことに注目し、「ミサイル防衛網を突破することを企図」（防衛省「北朝鮮による核・弾道ミサイル開発について」20年4月）と分析した。

ＫＮ－23そのものは、短距離ミサイルで、ＤＭＺ（38度線）にかなり近いところに展開しない限り日本に届かない。だが、将来、北朝鮮が、低軌道滑空軌道ミサイル技術を日本に届くミサイルに応用しないとも限らないだろう。

北朝鮮は、翌20年にも、3月2、9、21、29日と4度にわたって、ミサイルを訓練、または試験発射した。発射の翌日に北朝鮮メディアを通じてリリースした画像によると、3月2、9日は、装輪式自走4連装発射機を使用するミサイルを発射。北朝鮮のメディアである労働新聞の記事には、ミサイルの名称はなかったが、リリースされた画像は、前年、発射された、北朝鮮メディアの呼称で「超大型放射砲」、米軍呼称で「ＫＮ－25」のようであった。そして、3月29日には、装軌式自走6連発射機「超大型放射砲」の試射に〝成功〟と北朝鮮メディアは報じた。北朝鮮は「超大型放射砲」の名称を、19年には「装輪式自走4連装発射機」に、20年には「装軌式自走6連発射機」に使用したことになるようだ。

19年7月31日、8月2日に発射され、その翌日にリリースされた片側転輪10輪という自走6連発射機システムを北朝鮮メディアは「大口径操縦放射砲」と呼んでいたが20年3月にリリースされた「超大型放射砲」の画像にそっくりであった。19年にリリースされた画像の一部はモザイクが掛かっていたため、弾体の形状が確認できなかったが、19年の発射の際には、最高速度マッハ6・9という極超音速を記録している。19年に、公開された画像「大口径操縦放射砲」では、キャニスターから飛び出した弾体にモザイクが掛かっていたため、形状が確認出来なかったが、この「超大型放射砲」と20年3月2、9日に発射されたミサイル（19年の北朝鮮呼称、「超大型放射砲」、米側呼称「KN－25」、最高速度マッハ6・5）とは、弾体の形状、特に先端の4つの突起、後端の翼など、そっくりであった。北朝鮮は同じ、または同系列の弾体を使用する、2種類の移動式発射機（4連装装輪、6連装装軌）を開発していた、ということだろうか。

KN－23以外のKN－24、KN－25ミサイルについて、整理しておこう。

注目されるのが、20年3月21日に2発、発射されたミサイルだ。これについて、北朝鮮メディアは、翌22日、「戦術誘導兵器」と呼んだが、リリースされた画像は、19年8月10、16日に発射された、北朝鮮名称「新兵器」（米軍呼称「KN－24」、通称、「ATACMSもどき」）にそっくりであった。KN－24は、19年の発射の際は、最高速度マッハ6・1の極超音速を記録し、デプレスド軌道（低進弾道）で飛翔していたが、韓国軍合同参謀本部は、20年3月21日の飛翔については、到達高度＝約50キロメートル、飛翔距離＝約410キロメートルと発表。さらに、下降途中で上昇する「プルアップ」も掌握した。前述のように韓国軍は、12年以来、イスラエル製のEL／M－2080グリーンパイン・ブロックBレーダー2基で北朝鮮のミサイル発射を監視する態勢をとっている。グリーンパイン・ブロックBは、もともとは、イスラエルのアロー迎撃システム用に開発されたレーダーで探知距離600キロメートルとされる。韓国は、18年に、同時に複数の標的を追尾する能力を向上させ、探知距離も800キロメートルに延伸したグリーンパイン・ブロックC×2基を発注。20年代初期に韓国に引き渡される予定だ。したがって、20年3月時点では、韓国には、グリーンパイン・ブロックCが存在するとは考えにくいので、グリーンパイン・ブロックBやイージス艦のSPY－1レーダー等で20年3月の北朝鮮の一連の発射に対応した可能性が高いだろう。ただ、今後、韓国がグリーンパイン・ブロックCレーダーを入手すれば、北朝鮮の軌道が変わるミサイルの捕捉・追尾能力の高度化につながるかもしれない。

北朝鮮メディア「労働新聞」（20年3月22日）も、前日の「戦術誘導兵器」の飛行について「飛行軌道の特性と落下角度の特性、誘導弾の精度と弾頭威力がはっきり誇示された」と記述しており、北朝鮮自身も飛行中の機動性を重視して開発したことを示唆している。

つまり、北朝鮮は、極超音速で飛翔し、プルアップで軌道を変えるミサイルを少なくとも2種類保有していることになる。また、KN－23とKN－24のランチャーは、どちらも、2連装であることが目を引く。北朝鮮軍の軌道が変化するミサイルについての戦術を反映しているのだろうか。

ところで、KN－23や「戦術誘導兵器（KN－24）」が示した「プルアップ」は、どのようにコントロールしているのか。

ロケット・モーター、またはロケット・エンジンで加速されたミサイル、または、その弾頭部分が、噴射終了後も慣性の力で飛び続ける。極端に速い速度であっても大気中の飛翔ならば、グライダーのように、操舵で、弾道ミサイルのような単純な楕円軌道ではなく、高度を変えたり、左右に向きを変えたり出来ることになる。しかし、一般論だが、宇宙船の大気圏再突入など、大気中での高速での飛行、マッハ1以上で移動する飛翔体は、空気中に衝撃波を発生させる。衝撃波が強ければ、空気が圧縮・加熱され、飛翔体周囲の空気

弾道ミサイルと極超音速ミサイルの軌道比較

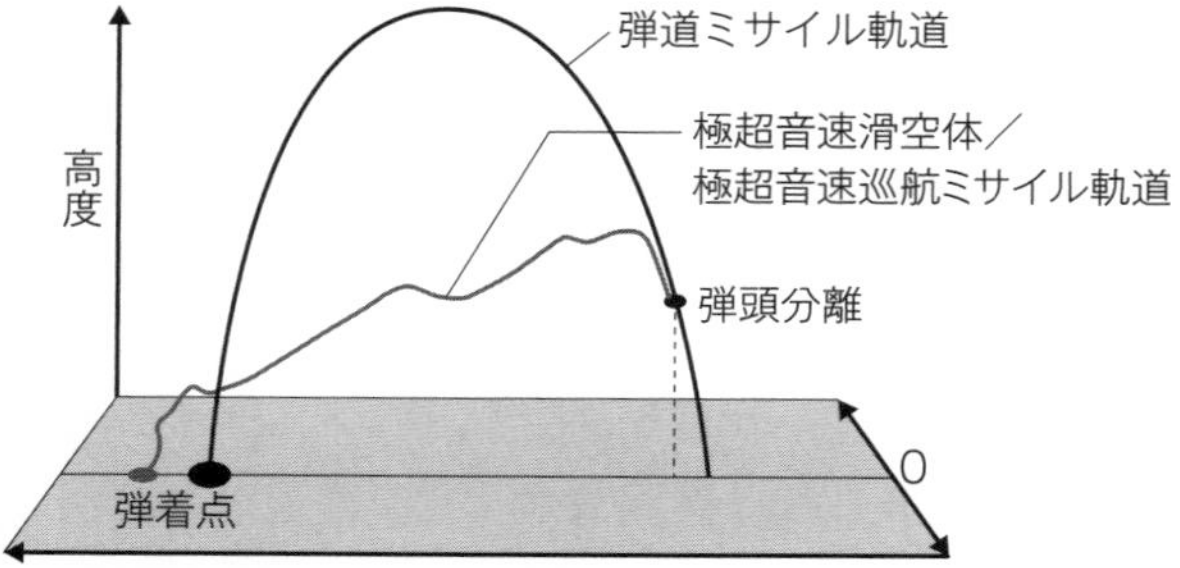

米会計検査院（GAO）資料より作成

中国通常（非核）打撃ミサイル射程図（「中国の軍事力2020」より作成）

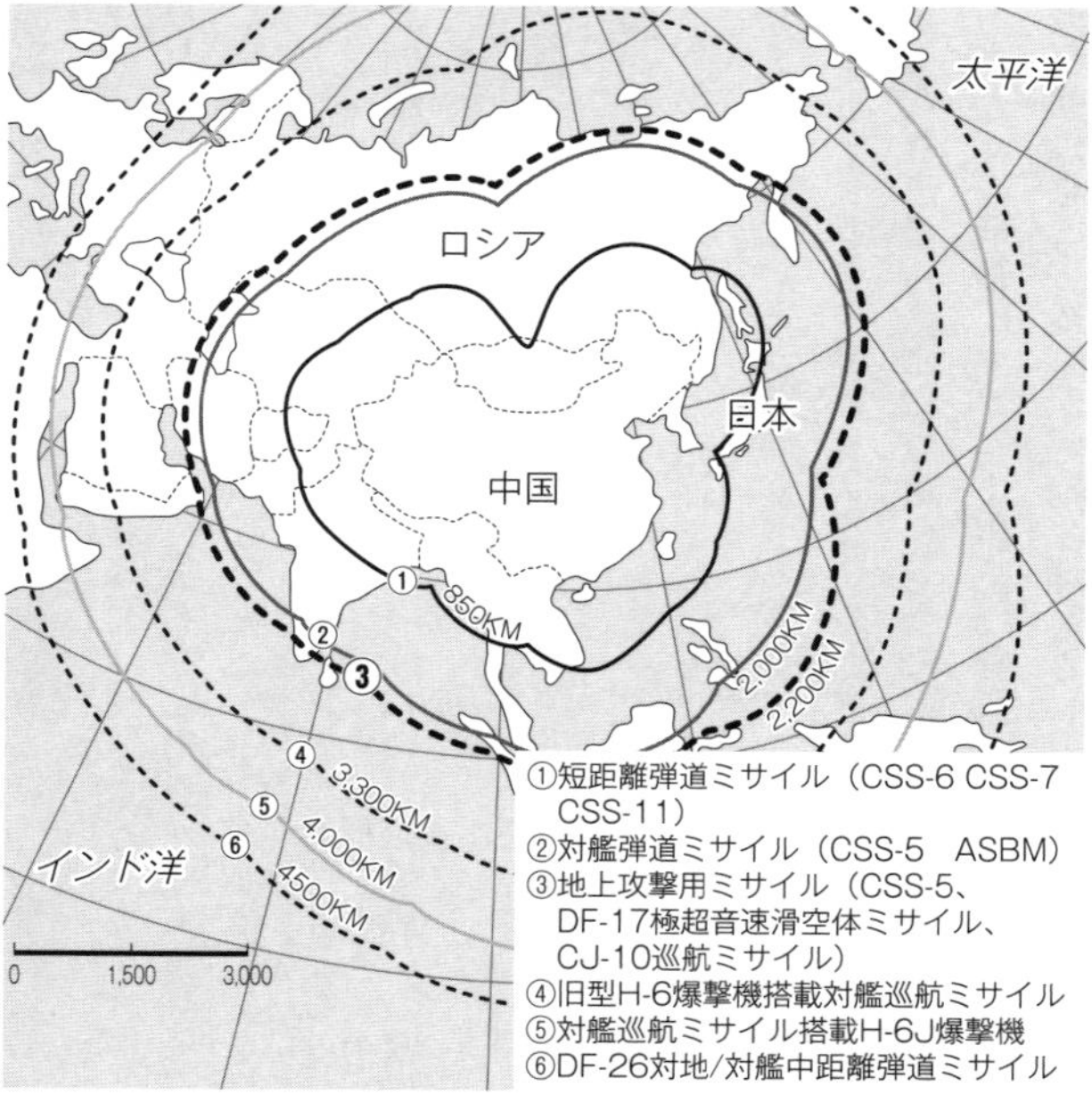

CONVENTIONAL STRIKE CAPABILITIESの射程図にDF－17（射程は諸説ある）が掲載されている

が高速運動で電離して、気体がイオン化するプラズマ（荷電粒子を含む気体）になる可能性がある（※5）。さらにマッハ8～15の飛行では、プラズマがミサイルの周りを包む状態になる（※6）。プラズマに包まれると外からの電波を反射し、通信途絶（ブラックアウト）が起きるため、ミサイルの操舵を外からの通信で指示を行うことは難しくなる。このため、極超音速の飛翔体に、比較的単純な楕円の軌道ではなく、プルアップのような機動性を発揮させるためには、操縦翼や、それを動かすアクチュエータのようなハードウエアを発射前にプログラムした方が容易ということになるだろう。

パレードで披露された中国の極超音速ミサイル

ＫＮ－23のようにロケット・モーターを使用しながら、条約上の弾道ミサイルの定義のような飛び方をするとは限らない兵器は、北朝鮮以外にもある。２０１９年10月１日、中国は、建国70周年の国慶節軍事パレードを北京で行った。ＤＦ－41、ＤＦ－31ＡＧ型大陸間弾道ミサイル（ＩＣＢＭ）やＪＬ－２型潜水艦発射弾道ミサイル（ＳＬＢＭ）、それに、無人潜水艇やＷＺ－８利剣型超音速ステルス無人機等、このパレードで、公式には初めて公開された装備の数々も登場。中国の戦略の変化を見せつけているようだった。最新の戦略ミサイルであるＤＦ－41型ＩＣＢＭは、３段式の個体推進で射程１万２０００キロメートル以上とされるが、最大の特徴は、個別誘導核弾頭が最大10個搭載できることだろう。

だが「パレードで最大の驚きはＤＦ－17極超音速滑空体（ＨＧＶ）搭載ミサイルが姿を現したことだった」と米軍事専門誌「DEFENSE NEWS」（19年10月１日）は指摘した。中国は、14年１月以来、ＤＦ－ＺＦ（ＷＵ－14）極超音速滑空体の発射、飛行試験を18年までに７回以上行い、ＤＦ－ＺＦを弾頭としたＤＦ－17ミサイルは、極超音速滑空体ミサイルとして世界初の実用化システムとみられた。米国含め、西側の国々では、極超音速兵器は、20年現在、まだ、開発途上にある。

ＤＦ－17、そして、そもそも、極超音速滑空体ミサイルとは何か。パレードにはＤＦ－17ミサイル、またはそのモックアップ（実物大模型）を搭載した16両の移動式発射機が参加していたが、16両という数は人民解放軍ロケット軍の２個大隊に相当するようだ。なお、ＤＦ－17の移動式発射機の外観は、射程８００～１０００キロメートルのＤＦ－16短距離弾道ミサイルの５軸10輪のＷＳ－２５００型移動式発射機（全長：約16メートル、幅：約３メートル）に似ている。最高時速70キロメートル以上といわれるＷＳ－２５００同様の性能なら、ＤＦ－17は、展開が容易な装備ということになるだろう。

一般論だが、極超音速滑空体ミサイルは、弾道ミサイルのようにロケット・エンジン（液体推進剤）、または、ロケット・モーター（固体推進剤）で打ち上げられる。DF－17の第1段は、その外形と移動式発射機が似ていることから、固体推進剤を使用する、射程800～1000キロメートルとされるDF－16短距離弾道ミサイルの第1段、または、そのバージョンという見方が有力だ。弾道ミサイルの場合は、ロケット部分から切り離されても、されなくても、弾頭部分は、そのまま、弾道軌道を描いて飛翔し、標的の上に落ちることになる。弾道ミサイルの速度は速いが、軌道が、ほぼ単純な楕円軌道の一部を描くことから、前述の通り、センサーとコンピュータが高性能であれば、弾頭の未来位置が予測可能となり、従って、高性能の迎撃ミサイルによる対処も不可能ではない、と考えられてきた。

繰り返すが、これが、弾道ミサイル防衛（BMD）の前提である。だが、極超音速滑空体ミサイルでは、弾頭のDF－ZFが、マッハ5以上という高速かつ高度100キロメートル前後、または、それ以下の高度でグライダーのように滑空する。従って、飛翔経路のほとんどで噴射がなく、大気圏再突入もない。つまり、弾道ミサイルに比べて、熱の発生が少ない。整理すると、極超音速滑空体は、①静止軌道衛星（早期警戒衛星）によって、追尾している弾道ミサイル等と比べると、10～20倍暗いため、米軍等が構築してきた宇宙の早期警戒衛星のセンサーによる捕捉が難しい上に、②弾道ミサイルや、その弾頭より、かなり低く飛ぶので、地上・海上レーダーによる素早い捕捉・追尾が難しく、③滑空体は一種のグライダーなので、同じロケットを使用する弾道ミサイルより飛距離が長く、④機動するので未来位置も弾着点の予想も難しい、ということになる。

ＤＦ－17の滑空体は底面が平滑で、空中で揚力が発生しやすいリフティング・ボディ形状だが、さらに、上下左右に小翼がある。付け根を拡大してみると胴体に軸1本でつながっていることが判る。したがって、この4枚の翼は動翼である可能性が高く、極超音速でグライダーのように滑空しながら、翼を動かして進路が変更できる。高度も方向も変化し、飛翔経路は、弾道ミサイルの弾頭のような楕円軌道とはならない。従って、極超音速滑空体の未来位置は弾道ミサイル弾頭のようには予測計算できない（p．94図参照）。さらに、イージス艦から発射する弾道ミサイル迎撃用のＳＭ－３迎撃ミサイルは、その構造上、いわゆる大気圏外のように空気の薄いエリアでの迎撃用で、高度70キロメートル以下では迎撃実績がない。従って、日米の弾道ミサイル防衛、特にイージス・システムによる迎撃は極めて困難と予想される。しかも、ＤＦ－17の射程は「約１０００～１５００マイル（約

1600～2400キロメートル）」（※2）とみられていて、日本はDF－17の射程内ということになる。

このDF－17を開発した中国・第1航空宇宙科学技術アカデミー所属の女性のチーフデザイナーは、DF－17等のミサイル開発の功績から、19年11月に中国科学院院士に選出された。中国の「新浪軍事」電子版（19年11月23日）は、チーフデザイナーの功績を紹介する中で、DF－17の性能についても触れている。到達（最高）高度は、60キロメートルで、滑空体（DF－ZF？）はリフティング・ボディを採用し、空気抵抗は大幅に減少している。滑空の間、飛翔速度は、ゆっくりと減衰し、さらに機動しながら、30キロメートルまで降下したところで標的にダイブ。最高速度は、約マッハ10で、しかも飛翔高度が60キロメートル以下になっているので、イージス・システムで使用するSM－3迎撃ミサイルやTHAADの迎撃ミサイルでは、対応が困難になる、としている。

また、これとは別に複数の中国メディアが、DF－17は、非核兵器だと説明している。

中国は、核・非核両用の射程2000キロメートル以上のDF－21準中距離弾道ミサイル、射程4000キロメートルのDF－26中距離弾道ミサイルを配備しているが、前記の米議会調査局報告は、「中国が、A2AD（接近阻止・領域拒否）戦略を支えるため、DF

－21及びＤＦ－26弾道ミサイルに非核極超音速滑空体を装備することを計画する可能性も指摘されている」（※２）と記述している。ＤＦ－21もＤＦ－26も日本は射程内だ。さらに、議会報告は「中国は、極超音速兵器を核兵器とするのか、通常兵器とするのか、それとも核・非核両用にするのか、最終的な決定を下していない」という。

米戦略コマンドのチャールス・Ａ・リチャード司令官（海軍大将）は、20年２月13日、米上院軍事委員会で証言し「19年10月の（中華人民共和国建国）70周年記念パレードで、人民解放軍は、Ｈ－６Ｎバジャー爆撃機、ＤＦ－41ＩＣＢＭ、ＤＦ－17準中距離弾道ミサイル、改良された潜水艦発射弾道ミサイル（ＳＬＢＭ）を含む新しい戦略核システムを発表した」と述べ、極超音速滑空体ミサイルであるＤＦ－17を「準中距離弾道ミサイル」、「戦略核システム」と分類した。しかし、その後、20年９月１日、米国防総省が発表したレポート「中国の軍事力２０２０」で、ＤＦ－17は「通常（非核）打撃能力」という表題の地図の中に示されていた。物理的に、日本を射程としうるうえ、現状の弾道ミサイル防衛（ＢＭＤ）では防ぐことが難しいＤＦ－17ミサイルが、核兵器であるかどうかは、日本にとって軽視できることではないだろう。

「（中国人民解放軍の）ロケット軍では、世界初の極超音速滑空体ミサイルであるＤＦ－17

を稼働中」（「サウスチャイナモーニングポスト」20年9月11日）と報じられ、台湾の「Taiwan News」（20年10月19日）は、ＤＦ－17は「台湾の真向かいにある福建省と浙江省に拠点を置いている」、「ＤＦ－17は、固体燃料の道路移動式準中距離弾道ミサイルであり、射程2500キロメートルの極超音速滑空体を搭載する。おそらくマッハ5～10の間の速度で突然方向を変える能力があるため、台湾のパトリオットＰＡＣ－３地対空ミサイル・システムは、ミサイルの迎撃が困難になる可能性がある」と指摘している。

だが、ＤＦ－17の射程が2500キロメートルもあれば、約1600キロメートル程しかない台湾海峡の約10倍の射程と云うことになる。このため、ＤＦ－17を「台湾に用いることは、その射程距離を考えると『能力のムダ使い』になる」との中国メディアの表現を「ニューズウィーク」電子版（20年10月21日）が紹介している。台湾に用いることは「能力のムダ遣い」なら、配備されたＤＦ－17極超音速滑空体ミサイルは、どこを対象としてるのか。物理的には、グアムは射程外であり、日本は射程内だ。

そして、中国のＤＦ－17配備の目的について、台湾の政府系研究機関・国防安全研究院の蘇紫雲主任アナリストは、台湾海峡で紛争が起きて外国の軍隊が干渉しようとした場合に、「接近阻止・領域拒否」を目指す中国の軍事戦略のために使われるだろうとの見方を示したうえで、ＤＦ－17ミサイルは大気圏のなかで超音速滑空することで、弾道ミサイル防衛システムを回避する能力を持つといわれるが、「命中率は低い」、「米軍にとってやっかいな存在ではあるだろうが、米軍は既に有効な対抗手段を用意しているだろう」との分析を披露した。

つまり、ＤＦ－17は、「接近阻止・領域拒否」を目指す手段だというのである。

では、中国は、ＤＦ－17をどれくらい保有しているのか。「現状では、人民解放軍は、約１００発のＤＦ－17ミサイルを保有しているが、今後、数年のうちに生産と配備が進められると予想される」（「GLOBAL TIMES」20年10月18日）との専門家の分析が報じられていた。

ＤＦ－17ミサイルの展開場所とみられる福建省から、東京までは約２３００キロメートル、浙江省から東京まで約２０００キロメートル。弾道ミサイル防衛をかわすともいわれる極超音速ミサイル、ＤＦ－17の最大射程が仮に約２５００キロメートルであるなら、日本にとってもますます気がかりなことになるだろう。米国防総省が発行した「中国の軍事力２０２０」には、中国の主なミサイルの射程図が出ているが、それによれば、日本のほぼ全域が、ＤＦ－17の射程内となっている（ｐ94図参照）。

中国が進めているとされる極超音速ミサイル計画は、ＤＦ－17のような極超音速滑空体ミサイルだけではない。19年10月1日の建国70周年の国慶節軍事パレードでは、八角形のキャニスターと10輪ＴＥＬ（移動式発射機）が披露された「ＤＦ－１００」ミサイルは、その後、明らかになったビデオ映像から、極超音速対艦巡航ミサイルの可能性が高いとみられている（「National Interest」20年6月10日）。ＤＦ－１００とは、どんなミサイルか。「比較的大きな直径で（ＤＦ－11Ａ短距離弾道ミサイルと同じサイズとみられる）ブースターを基部として、ミサイルを高速で上昇させ、ブースターを切り離すと、ラムジェットが引き継ぐ」、「弾道ミサイルのように大気圏から出る可能性もあるが、その後は、平坦な軌道をとり、機動性を維持して、弾道ミサイル防衛で迎撃するのを困難としつつ、標的に素早く降下する」、「航続距離は、約２０００～３０００キロメートルで、洋上の大きな標的用に設計されている」というのである。

つまり、米空母打撃群が主目標である、ということなのだろう。中国は、すでに、対艦弾道ミサイルとして、ＤＦ－21ＤとＤＦ－26を配備しているが、米空母打撃群には、弾道ミサイルを大気圏外のミッドコースで迎撃するＳＭ－３迎撃ミサイルや、ターミナルフェーズで迎撃するＳＭ－６迎撃ミサイルを装備したイージス艦が、随伴する可能性が高い。

ロシアの3M22ジルコン同様、SM－3やSM－6で迎撃されにくい対艦ミサイルとして、DF－100極超音速ミサイル計画が進められているのかもしれない。

中国の極超音速ミサイル・プロジェクトは、他にもある。中国は極超音速ミサイルとして「Xingkong（星空）－2」計画を進めている。

この「星空－2」について、米議会調査局「Hypersonic Weapons: Background and Issues for Congress pdated March 17 2020」は、「米国防当局者によると、18年8月に核搭載可能な極超音速飛翔体プロトタイプ、StarrySky－2（星空－2）の試験に成功した」との分析を記載している。

中国航天科技集団第11研究院が開発した星空－2は、18年8月3日に発射・飛行試験が実施され、「約10分間飛行した後、方向転換、分離、自主飛行、弾道機動大旋回などの動作を行い、予定通り弾道を落下区域に入れることに成功」（「中国網」18年8月8日）したと発表されていた。

18年8月の発射の際には、高度30キロメートルに到達。マッハ5・5～6・0で飛行。自律的飛行は400秒に及んだという（「GlobalSecurity」）。

星空－2とDF－17の明確な違いの1つは外観。DF－17には極超音速滑空体（DF－

ZF）がむき出しで取り付けられているのに対し、星空－2にはフェアリング（覆い）が先端部を覆っており、公開された星空－2の発射前の画像は、弾道ミサイルにそっくりだ。星空－2の極超音速飛翔体の形状は不詳だが、前述の米議会調査局報告には、星空－2の極超音速飛翔体は、「（DF－17の）DF－ZFとは異なり、発射後に動力飛行を行い、自身の衝撃波から揚力を引き出す『ウェーブライダー』だ。一部のレポートは、星空－2が25年までに運用可能になる可能性があることを示している」と分析している。

星空－2のブースターには、射程600～800キロメートルのDF－15短距離弾道ミサイルが使用されたとの見方もある。しかし、「動力飛行」を行う極超音速巡航ミサイルとすれば、どんな動力が使用されているのだろうか。この点について、前述の米議会調査局報告では、中国のLingyun（凌雲）マッハ6＋高速エンジンの存在が指摘されており、「GlobalSecurity」は、星空－2の動力はスクラム・ジェットとの分析を行っている。

星空－2の射程は、筆者には不詳だが、核搭載可能とみられる極超音速巡航ミサイルである極超音速飛翔体そのものが、噴射・飛翔を行うのであれば、DF－15より、射程が延伸される可能性はあるだろう。

さらに、19年10月1日の国慶節の軍事パレードで披露されたH－6N爆撃機は、機体の下の爆弾倉を廃止し、新たに凹みを設けていた。この凹みは、大きな空中発射型のミサイルを装備するためとみられ、中国は、地上・海上からだけではなく、空中から、爆撃機を使用した「接近阻止・領域拒否」も強化するものと考えられた。

そして、20年10月、中国のSNS、ウェイボーにたった8秒ながら、中国空軍第106旅団（とみられる）所属のH－6N爆撃機（機体番号：55032）が（河南省・寧祥とみられる飛行場に）着陸する映像が投稿された。米国防総省のリポート「中国の軍事力2018」は、中国が「2種類の空中発射弾道ミサイル計画を進めていて、片方は恐らく核搭載可能」としていた。この2種類の空中発射弾道ミサイルのうち、「18年1月に初飛行。25年までに中国空軍に就役」（※7）とされているのがCH－AS－X－13と西側では呼ばれている。しかし、H－6N型爆撃機に吊り下げられていたミサイル（または模擬弾）が、CH－AS－X－13に相当するかどうかは、筆者には不詳だった。

一方で、「胴体の下に、極超音速滑空体を搭載した空中発射弾道ミサイルが装備されているように見える」（「ジェーンズ」20年10月19日）との分析もあり、さらに、英国の国際戦略研究所（「IISS」20年10月23日）では、給油装置を除くH－6Nの機体全長が34・8メートルであることから、このウェイボーに映っていたミサイルの全長は13・09メートルと換算。この大きさから、このミサイルは「中国の既存の準中距離ミサイルの派生型」であり、さらに、米国防総省が、CH－AS－X－13空中発射弾道ミサイルの開発計画があると分析していたことを指摘。その上で、このミサイルの「機首部分の下部が平滑な可能性」があり、これは「滑空体の特徴」であること。さらに機首部分の後部に「可動舵翼がある可能性」があり「再突入体を機動する」と分析している。このような特徴は、中国の地上発射型極超音速ミサイル、DF－17の弾頭部である極超音速滑空体と共通性がある点を強調している。つまり、H－6N爆撃機が吊り下げていたのは、爆撃機から発射後、ロケットで加速。その後、極超音速滑空体である弾頭部を切り離す極超音速滑空体ミサイル（または模擬弾）であることを示唆している

米国防総省は、20年、H－6N爆撃機について「19年の中国の70周年記念軍事パレードにおいて、人民解放軍空軍は長距離打撃用に最適化されたH－6Kをベースとした H－6Nを公表した。H－6Nは、ドローンまたは、核兵器搭載可能な空中発射弾道ミサイルのいずれかを外部に搭載できるよう改修された胴体を備えている。H－6Nの空中給油機能は、空中で給油できない他のH－6機種よりも到達距離を拡大した」（米国防総省「中国の軍事力2020」）と分析し、H－6Nが核搭載可能な空中発射弾道ミサイルを搭載可能に

なるとしていたが、今回、映像で明らかになったH－6Nに吊り下げられたミサイル（または模擬弾）が、核兵器対応可能ミサイル・プロジェクトと関係あるかどうかは不明だ。

しかし、「IISS」は、「中国のアナリストは、（映像に映っている）H－6Nが河南省南陽市にある内郷（Neixiang）飛行場に着陸したことを示唆。内郷基地は人民解放軍空軍の第106航空旅団の基地であり、この基地は人民解放軍の初期の戦略核の3本柱の一部として、核攻撃を実施する使命を帯びてきたと推測される」（「IISS」20年10月23日）と分析。さらに米国防総省も「中国は、核対応の空中発射弾道ミサイル（ALBM）の開発と、地上及び海上での核能力の向上により、『核の3本柱』を追求している」（米国防総省「中国の軍事力2020」）として、中国が〝戦略〟核3本柱を構築する中で、空中発射弾道ミサイルの重要性を強調している。

H－6Nに搭載されうる空中発射極超音速滑空体ミサイルが、既存の弾道ミサイル防衛では、対応が難しい極超音速滑空体ミサイルであり、核搭載可能ということになれば、日本としても無視できるものではないだろう。万が一、核搭載可能となれば、なおさらだ。

さらに「米国の情報機関が、CH－AS－X－13と呼ぶ新型ミサイルがあり、情報筋によると、ミサイルは16年12月に最初に飛行試験を実施、18年1月までに5回の試験が実施された。近年、米国国防情報局（ＤＩＡ）は、……脅威評価で、核搭載可能と評価している。……ＤＦ－21準中距離弾道ミサイルの変形として、２段式の固体推進剤を使用する弾道ミサイルで射程３０００キロメートル。……米情報機関筋は、ＣＨ－ＡＳ－Ｘ－13は、25年までに配備の準備が出来うると評価している」（「Diplomat」電子版18年４月10日）との分析もあった。このＣＨ－ＡＳ－Ｘ－13ミサイルと、20年10月に、中国のＳＮＳ上に流れた映像でＨ－６Ｎ爆撃機が吊り下げていたミサイル（または、模擬弾）が、同じものかどうか、繰り返すが、筆者には、確証はない。しかし、中国空軍は、20年10月19日、ＳＮＳ上で、Ｈ－６爆撃機が、グアムのアンダーセン米軍基地とおぼしき標的にミサイル攻撃を仕掛けるというシミュレーション動画を公開した。

空中発射弾道ミサイル／極超音速ミサイルを吊り下げたＨ－６Ｎ爆撃機が、グアムをにらむというのであるなら、それは、太平洋に進出するということなのだろう。グアムより西の極東には、日本列島や台湾があることは、留意すべきことかもしれない。

ＤＦ－17は、グアムやハワイ、米本土には、届かない。米国本土が将来、中国の極超音速滑空体ミサイルの射程内となる可能性はないのか。この点について、米議会に設置されている「米中経済・安全保障問題検討委員会」の18年版報告書は、前述のＤＦ－41型ＩＣ

BMについて「MIRV（個別誘導複数目標再突入体）弾頭及び極超音速滑空体搭載が可能になるDF－41ICBMの開発により、米本土に対する（中国）ロケット軍の核の脅威が大きく増加する」と警告していた。

中国から、米本土に届く大陸間弾道ミサイル、DF－41が、ミサイル防衛を突破しかねない極超音速滑空体で、米本土に対する核の脅威を増大させる可能性を指摘しているのだ。

隣国を意識した（？）インドの極超音速プロジェクト

極超音速ミサイルの研究に取り組んでいるのは、米ロ中だけではない。2020年9月7日、インドは、HSTDV（極超音速技術デモンストレーター）の発射を実施。HSTDVは、固体推進ロケット・モーターで打ち上げられ、高度30キロメートルで、空気取り入れ口を開き、ロケット・モーターから切り離された。そして、HSDTVのスクラム・ジェットに燃料噴射と点火が行われ、マッハ5で約20秒飛行したとインド防衛研究開発機構（DRDO）は発表した。インドの報道では、「インドの極超音速巡航ミサイル試験飛翔体のテストの成功は、……複数のプラットフォームから発射される多用途の長距離地上攻撃巡航ミサイル（LR－LACM）への道を開く」（※8）というのである。

インドは、LR－LACMプロジェクトでどのような極超音速ミサイルを目指しているのだろうか。「LR－LACMは、1000キロメートルを上回る射程となり、（印ロ共同開発の超音速対艦ミサイル）ブラモスが使用するのと同じ『共通垂直ランチャーモジュール（UVLM）』から発射することができる。1000キロメートルを上回る射程はインド海軍が最初に要求した性能だ。LR－LACMは、インド国産の亜音速巡航ミサイル・ニルバイ（射程1000キロメートル）をアップグレードしたものでもあるが、射程と精度を向上させる。ミサイルのシーカーとロケット・モーターは、DRDOによって既存の技術から開発される。LR－LACMは、車両に搭載されたランチャーや海軍の軍艦からの発射を可能とする。DRDOは、空中発射バージョンと潜水艦発射バージョンの開発にも取り組む」（※8）という。

また、HSTDVの成功は、LR－LACMの開発につながるだけではない。「HSTDV（の技術）は、成熟するとインドとロシアの合弁事業であるブラモス・ミサイルに推進力を供給するために使用できる。既存の（ブラモスの）バージョンはマッハ2.8、射程は約300キロメートルのみ。（ブラモスの）極超音速バージョンは、ブラモスのほぼ2倍の速度のマッハ6で飛び、少なくとも600～800キロメートル飛翔しうる」（※8）

というのである。だが、極超音速バージョンの「ブラモスⅡ」ミサイルについて、開発・生産社である印ロ合弁企業であるブラモス・アエロスペース社は「25年までに、マッハ4・5、26~27年までに、マッハ6~7のミサイルを製造し、28年に初発射（※9）と段階を追って、開発を進める方針」としている。

インドは、20年現在、隣国との間でトラブルを抱えている。「インドは、ラダック東部で進行中の中国との軍事的対立の中で、ブラモス超音速巡航ミサイルの複数回の運用発射を実施し、その精密攻撃能力のさらなる……ディスプレイを行う。射程290キロメートルのブラモスの『ライブミサイルテスト』は、インド洋地域でのインド陸軍、海軍、空軍によって実施される」、「中国に対する全体的な軍事準備態勢の一環として、ブラモスの地上攻撃ミサイル中隊が、……すでにラダックとアルナチャルプラデシュに配備されている……同様に、ブラモスで武装した一部のSu－30MKI戦闘機も、配備された」（※10）。

国境を接する中国を意識して、インドは、前述のように既存のブラモス超音速巡航ミサイルをインド陸、海、空軍に配置した。その中国はさまざまな極超音速ミサイル計画を進めており、これを意識してインドも、ブラモスⅡ等の極超音速兵器開発に乗り出している、ということかもしれない。

米国の極超音速ミサイル開発計画

オバマ政権下の米国では、前述の通り、非核の戦略極超音速兵器構想、CPGSに基づく、HTV－2極超音速滑空体の発射実験を2度も行ったが実質、失敗した。しかし、その後、米国も、あらためて、極超音速滑空体ミサイルや極超音速巡航ミサイル計画に乗り出している。米軍の極超音速滑空体ミサイル及び極超音速巡航ミサイル・プロジェクトは、別表（p．118）の通りだが、極超音速滑空体について、米国の計画に特徴的なこととして、①非核、②米海軍が主導して開発するコモングライド・ヴィークル（C－HGB〈共通－極超音速滑空体〉）を米陸軍や米空軍も使用して、それぞれの極超音速滑空体ミサイルを開発する見通しであることだ。

米海軍が、開発を主導しているC－HGBを共通の弾頭用滑空体として使用するが、2017年10月に、ハワイの地上からマーシャル諸島へ向け、初の発射・飛行試験を行い、3200キロメートル以上を飛行したとされる。

さらに20年3月19日午後10時30分（現地時刻）に、ハワイ・カウアイ島のPMR（太平洋ミサイル射場）から17年以来となる2回目の発射試験が実施された。C－HGBは、二重円錐に4枚の小さな三角翼がついた形状（※11）だが、その前身は、米陸軍が11年11月に飛行試験を実施したAHW極超音速滑空体と位置づけられている（※12）。AHWも「ハワイのPMRから発射され、クェゼリン環礁まで2400マイル（約3860キロメートル）を飛翔」、「海軍のポラリス弾道ミサイルから派生した戦略ターゲットシステム（STARS）ブースターを使用していた」（※13）という。

ポラリスは、米海軍では1960年代から80年代まで現役だった2段式SLBMで、ポラリスA1（射程2200キロメートル）、ポラリスA2（同2800キロメートル）、ポラリスA3（同4630キロメートル）の3種類があった。STARSには、STARS－1と同－2が存在し、STARS－1は、退役したポラリスA－3に3段目として、Orbus－1固体推進ロケットモーターを搭載。STARS－2は、さらに4段目として、ODES液体燃料エンジンを搭載したものとされる（※14）。

2020年3月のC－HGBの発射試験では、飛距離は非公開とされているが、使用されたブースターは「改造ポラリス A3」と報じられている（「USNI News」20年3月20日）ので、ポラリスA3ベースのSTARSシステムを使用した可能性が高いだろう。従って、C－HGBは、20年3月の飛翔試験でも、ロケット部分から切り離される段階で、弾道ミサイルなら、4600キロメートル前後の飛翔距離を確保した可能性もあろう。この試験の結果について、飛翔距離や最高速度、軌道等は20年10月時点で、明らかにされていないが、ライアン・マッカーシー陸軍長官は、10月13日、C－HGBは「標的から6インチ以内に的中した」と発表した（「Defense News」20年10月13日）。

この弾着精度は、十分、注目に値する。前述したが極超音速の飛翔体には独特の現象が予想される。一般論だが、大気中での高速での飛行、マッハ1以上で移動する飛翔体は、空中に衝撃波を発生させる。衝撃波が強ければ、空気が圧縮・加熱され、飛翔体周囲の空気が電離して、イオン化するプラズマ（荷電粒子を含む気体）になりえる。さらにマッハ8～15の飛行では、プラズマが飛翔体の周りを包む状態になる。プラズマに包まれると外からの電波を反射し、通信途絶（ブラックアウト）が起きるため、GPS信号の受信や、飛翔体の操舵を外からの通信・指示によって行うことが難しくなるとされる。このため、極超音速の飛翔体に機動性を発揮させるためには、操縦翼を動かすハードウエアを発射前にプログラムした方が容易ということになる。しかし、C－HGB極超音速飛翔体が、2回目の発射試験で、飛距離も、軌道も、速度も不明とはいえ、ある程度の必然性をもって、標的から6インチ以内の着弾という結果になったのなら、飛翔・滑空途中に何らかの手段で〝修正〟が実施された可能性を示唆しているのかもしれない。その手段があったとしても、筆者には、それがどんなものか想像もつかない。

このC－HGBを2段式ロケット・ブースターに搭載する米陸軍の極超音速滑空体ミサイル計画、LRHW（長距離極超音速兵器）で開発されるのが、AUR（All－Up－Round）ミサイル。想定される最大射程は、別表（p．118）のように、米議会調査局報告では、1400マイル（約2240キロメートル）を目指すことになっており、23年頃までに配備が始まる見通し。

このLRHW／AURミサイルのキャニスターを2個ずつ、THAAD用移動発射機（TEL）をベースにした新型移動式発射機（M870改トレーラー＋M983A4重牽引車）に搭載。その移動発射機4両に、指揮所として「Advanced Field Artillery Tactical Data System」を組み合わせたものが、「Long－Range Hypersonic Weapon（LRHW）」1個中隊となり、23会計年度までに配備開始する見通し。つまり、1個大隊には、8発のAUR極超音速ミサイルが即応態勢にあることになる。このLRHWについて、米陸軍は「接近阻止・領域拒否を打ち負かし、敵の長距離火力を制圧し、時間制約が厳しい標的に従事する」（※15）ため、射程2200キロメートル以上を目指すとされている。つまり、地上発射IN

F射程の兵器だ。

ロシアや中国と異なり、米国には、核搭載の極超音速ミサイルを開発、配備する計画は、20年11月時点で存在しない。

中国が、米ロとの軍備管理・軍縮協議に加わらないまま、米国への核抑止力構築に進むなら、米国は、中国周辺国・地域に、非核であれ抑止力構築に進むことになるのではないだろうか。

米陸軍のＬＲＨＷ（長距離極超音速兵器）は、地上発射のＩＮＦ射程兵器になるが、開発目標射程、約２２４０キロメートルは、準中距離にあたる。前述の米議会調査局報告には、ＬＲＨＷは、「接近阻止・領域拒否を打ち負かし、敵の長距離射撃を制圧し、やり返し、時間に敏感な標的と交戦するため、射程１４００マイル（約２２００キロメートル以上）を目指す」と記述されており、この〝接近阻止・領域阻止〟が、中国を意識したものなら、ＬＲＨＷ部隊がどこに配備されるか、日本としても無関心ではいられないだろう。中国に最も近い米国、グアムから中国本土までは、３０００キロメートル前後もあるからだ。

一方、Ｃ－ＨＧＢを使用する米海軍のＣＰＳ（通常弾頭搭載即時打撃）ミサイル（または、ＩＲ－ＣＰＳ）の基準構造は、34・5インチ直径の2段式ブースターにＣ－ＨＧＢを弾頭と

米・極超音速兵器開発計画

担当	プロジェクト	
米海軍	IR CPSまたは、CPS (中距離通常弾頭即時打撃兵器)	全軍共通極超音速滑空体弾頭（C―HGB）使用。潜水艦発射用中距離通常弾頭兵器。 VPM垂直ミサイル発射モジュール搭載のヴァージニア級ブロックV攻撃型原潜に搭載見込み。 2022年に飛行試験。2024年1月までプロトタイプ開発を継続
米陸軍	LRHW （長距離極超音速兵器） ※	２段式ブースター＋共通極超音速滑空体弾頭（C―HGB）。射程1400マイル（約2240㎞）。「敵の長距離火力を牽制し、A２ADを打ち負かす」。AURミサイル
米空軍	HCSW (極超音速通常弾頭打撃兵器)	B―52爆撃機搭載、固体推進GPS誘導兵器。滑空弾頭の構成はC―HGBと70%共通。2020会計年度にレビュー⇒キャンセル
米空軍	AGM-183A　ARRW （空中発射即応兵器）	B―52H爆撃機、B-1B爆撃機、F―15EX戦闘攻撃機搭載。空中発射。最高速度マッハ20、射程575マイル（約920㎞）。2022会計年度に飛行試験終了見込み。
DARPA （米国防高等研究計画局）	TBG (戦術ブースト滑空)	マッハ７以上を目指すクサビ形状極超音速滑空体。空軍機及び米海軍VLS発射機用
DARPA （米国防高等研究計画局）	OpFires ※	TBG技術を活用する地上発射型システム。敵の防空システムを貫き、敏感な目標に迅速かつ正確に関与する。米陸軍のLRHW/AURとなる。
DARPA （米国防高等研究計画局）	HAWC （極超音速大気吸入式兵器コンセプト）	空中発射極超音速巡航ミサイル。空軍用
米海軍	SM-6ブロック１B	SM-6ブロック1A艦対空ミサイルの直径を増加等の改造、転用。

※地上発射INF射程兵器（射程500～5500km）

※米議会調査局報告「Hypersonic Weapons: Background and Issues for Congress　2020／11／6版」等より筆者作成

して搭載するというものだ。CPSは、中距離ミサイルなので、射程は3000キロメートル以上となるはずだ。直径が34・5インチなので、水上艦であるイージス駆逐艦やイージス巡洋艦のイージス・システムのMk・41垂直発射機に搭載するのは、可能だろうか。Mk・41は、ミサイルを収納した直方体の容器（セル）を並べて積載するが、4セル×2列の8セルのMk・41の上部は、124・8×81・75インチなので、単純計算では1セルあたり、31・2×40・88インチにあたり、ミサイル本体の直径が34・5インチのCPSのMk・41垂直発射機への搭載は難しいかもしれない。このためか、C－HGBを使用するCPSは、水上艦より、ヴァージニア級ブロックV攻撃型原潜への搭載を優先して研究が進められている。米海軍は、22会計年度に最初の開発飛行試験を実施し、28会計年度にシステムの展開を開始する予定だ。配備先になるのは、前述のヴァージニア級ブロックV攻撃型原潜だが、同級原潜は、ミサイルの新型垂直発射装置である「ヴァージニア・ペイロード・モジュール（VPM）」を搭載する。

ヴァージニア級攻撃型原潜は、ブロックⅢ以降、艦橋より前に、6発のトマホーク巡航ミサイルを装填できる「ヴァージニア・ペイロード・チューブ」×2基を取り付けているが、ヴァージニア級ブロックV攻撃型原潜は、艦の中央部に4基のVPMが増設され、トマホーク巡航ミサイル28発装填可能（7発／基）となる。艦橋より前の部分にある既存の発射装置と合わせて計40発のトマホークを装填可能となる。CPS搭載・発射には、この新たな発射・搭載モジュール（VPM）が必要となる。米海軍は、CPSは、VPMを持つヴァージニア級ブロックV攻撃型原潜に搭載することにしているが、1基のVPMに何発のCPSが搭載可能になるのかは筆者には不詳だった。ただ、CPSとトマホーク巡航ミサイルの両方を積載することになるであろうヴァージニア級ブロックV攻撃型原潜は、原子力潜水艦として、長距離の進出が可能であり、米国の戦略にとってかなり重要な存在となるだろう。

20年10月6日、エスパー米国防長官（当時）は、「バトル・フォース2045」構想を明らかにしたが、その中には、米海軍を35年までに有人・無人艦船含めて、355隻、45年までに500隻にする構想を掲げた。その中には、ヴァージニア級ブロックV攻撃型原潜を年間3隻建造し、70〜80隻の攻撃型潜水艦を保有することも含まれていた。注目のヴァージニア級ブロックV攻撃型原潜の最初の2隻、オクラホマ（SSN－802）とアリゾナ（SSN－803）は、19〜23会計年度予算で建造され、20年現在、計画されているブロックV建造数は、9隻で、引き渡しは25会計年度から29会計年度になる見通し。これまでのヴァージニア級ブロックⅣ攻撃型原潜は、全長約115メートル、排水量7800トンだったが、胴体中央部に、VPMを設けるヴァージニア級ブロックⅤ攻撃型原潜は、全長140メートル、排水量は、1万2000トンに増大する。

米海軍は、20年10月現在、CPSが、ヴァージニア級ブロックⅤ攻撃型原潜に装填されて初期作戦能力を得るのは、28会計年度の見込みなので、米海軍は、それに先だってCPSのような極超音速ミサイルのプラットフォーム生産にようやく手を付けた段階と言えるかもしれない。

中ロに遅れをとっている米国は、既存のミサイル計画を極超音速ミサイルに改修する計画もたてている。イージス艦用のSM－6ブロック1B計画である。SM－6ブロック1Bの基となるSM－6ブロック1A艦対空ミサイルは、イージス艦から発射され、さまざまな誘導システムや、弾着間際の弾道ミサイル迎撃や巡航ミサイル防衛にも対応し、対艦ミサイルにも使用できる汎用ミサイルで、最大射程370キロメートル。SM－6ブロック1Aのブースター以外の胴体直径は、13・5インチ。SM－6ブロック1Bは、胴体の直径を、イージス艦で使用する垂直発射機Mk・41に収納可能な21インチにまで拡大し、射程を300キロメートル以上の極超音速ミサイルとするものである。

中ロとの極超音速ミサイル格差は、米国防当局だけでなく、米議会でも、強く意識されているようだ。米下院は、地上攻撃を主任務とし、ステルス性の高いズムウォルト級駆逐艦（DDG－1000）に極超音速ミサイルが運用できるよう21年までに作業を開始するよう要求を予算法案に組み込んだ（「USNI NEWS」20年6月22日）。どのような極超音速ミサイルの運用能力を要求されたか、については、アーレイ・バーク級の米海軍イージス駆逐艦に比べて軍艦のサイズ、発電量、ミサイル発射装置が優れていることから、SM－6ブロック1Bではなく、潜水艦用のCPS搭載が求められているとのことであった（「Popular Mechanics」20年6月23日）。

米海軍が関心を寄せている極超音速ミサイル計画に、米空軍と国防高等研究計画局（DARPA）の共同事業で爆撃機や戦闘機から発射する極超音速巡航ミサイル・コンセプト「HAWC」開発がある。これは、13年にB－52爆撃機から発射された極超音速試験機X－51Aスクラム・ジェット・デモンストレーターのコンセプトの後継ともいえるものだ。米空軍とDARPA、NASAの共同プロジェクトだったX－51Aウエーブライダー（※16）で、炭化水素を燃料及び冷却剤として使用するスクラム・ジェット動力飛行体の初の実用的な極超音速飛行を実現した。ちなみに、21会計年度で米空軍は、スクラム・ジェット開発で、取り込んだ空気の流れを調整し、エンジン内部での抵抗を低下させ、噴射を安定させるための内部抗力低下火炎安定化装置と飛行試験エンジンコンポーネントの開発を続ける。近年、米企業はデュアルモードラム・ジェット／スクラム・ジェットエンジンのテストにも成功。この技術は、ガスタービンエンジンと組み合わせると、モードを切り替えながら飛行体を停止状態から極超音速に加速する可能性がある。

米海軍としては、21会計年度予算では、将来の空母艦載機でＨＡＷＣを運用する意向をにじませた。ＨＡＷＣは、爆撃機や戦闘機等の航空機から発射、ロケット・ブースターでマッハ５以上の極超音速に加速し、ブースター切り離し後、スクラム・ジェットでマッハ５〜10の極超音速で飛行、機動し、標的を叩くことを目標とするものだ。そこに米海軍もＦ－35Ｃ等の空母艦載機用の空対地ミサイル、そして、将来の空対艦ミサイルとして目を付けた。だが、ＨＡＷＣは、そもそも、米空軍とＤＡＲＰＡとのプロジェクトであり、米海軍での運用を考慮していなかった。米空母艦載機で運用するなら、ＨＡＷＣは、米空母の兵器エレベーターに適合する必要がある。このため、米海軍は、21会計年度予算でＨＡＷＣの「全長を25％減らすことが求められた」（※17）ので、米海軍のＨＡＷＣ用の「極超音速ブースター（Hypersonic Booster）」開発を要求している。この極超音速ブースターは準中距離（1000～3000キロメートル）用で、18年6月に開発の契約、21会計年度から開発予算が組まれ、米海軍のHAWC搭載対象機種は、F－35CのライトニングⅡ・ステルス戦闘機の他に、F／A－18E／Fスーパーホーネット戦闘攻撃機、P－8Aポセイドン哨戒機の可能性もあるとされてきた。また、将来の対艦HAWCは、米空軍のB－1やB－52爆撃機搭載が空軍のオプションになるかもしれない（「The WarZone」19年5月8日）。

21会計年度に米海軍は、前部ボディ形状、覆い構成、ブリード穴パターン、前端分流エッジ、スクラム・ジェットエンジンを含む前部ボディの形状や、スクラム・ジェットエンジンが稼働するまで、加速する固体推進ロケットモーター・ブースターからの分離コンセプトを含む応用研究を予定していた。

米空軍も、前述のC－HGBを使用する航空機発射型極超音速ミサイル、HCSW（極超音速通常打撃兵器）の開発を進めていたが、21会計年度予算で、計画を取りやめることになった（20年2月発表）。HCSWの開発をキャンセルした米空軍だが、DARPAと共同で取り組んでいたTBG（戦術ブースト滑空）デモンストレーターの技術を用いる空中発射型の極超音速ミサイル、AGM－183A ARRW（空中発射型迅速対応兵器）の開発は継続し、19年夏に、B－52H爆撃機への搭載試験を実施した。また、米空軍は、20年8月8日にも、カリフォルニア州・エドワーズ空軍基地で、米空軍用の極超音速滑空体ミサイル、AGM－183A ARRWの模擬弾であり、発射できないキャプティブ弾、IMV－2（計装測定体）を2発搭載しての飛行実験を行い、成功した。

この試験の際、テレメトリ（遠隔測定データ）とGPSデータをAGM－183A IMV－2からカリフォルニア州の海岸の海軍のポイントマグ海域地上局に送信することに成功（「Military・com」20年8月11日）した。

なお、このTBGというのは、DARPAによると、オバマ政権下で進められた「HypersonicTechnologyVehicle2（HTV－2）を含む以前のブーストグライドシステムの開発と飛行試験から得られた技術的知識と教訓を活用」、「将来の空中発射、戦術範囲の超音速ブーストグライドシステムを可能にする技術の開発と実証」を目的として開発が進められる極超音速滑空飛翔体プロジェクトで、米議会調査局報告（※4）によると「マッハ7以上の飛行が可能な、ハーフコーン（くさび形）設計の極超音速滑空体の試験を続け」、「米海軍の垂直発射システムとの統合も考慮し、空軍と海軍の両方に移行する予定」であり、「TBGは、C－HGBよりも高速で機動性があり、精度が高いことを目的とした、より複雑なくさび形」で「最高速度はマッハ20にも達する」（「TheDrive」20年1月20日）とも報じられていた。

前述の米議会調査局報告（※4）によれば、ARRWは、今後、TBGの技術を活用し「マッハ6・5からマッハ8の間の平均速度で約1000マイル飛ぶ空中発射型極超音速滑空体のプロトタイプを開発する予定」で、「19年6月に〈ARRWのキャプティブ弾〈模擬弾〉を搭載したB－52H爆撃機の〉飛行テストを成功させ、22年度に発射・飛行テストを完了する予定だ。そのために、米空軍は、具体的には、AGM－183A ARRW極超音速ミサイルのプロトタイプを少なくとも8発購入し、21年からの発射・飛行試験を実施し、1年後の22年に初期作戦能力を獲得する見通しだ」（「The Drive」20年6月3日）。

なお、ARRWの先端に装備される極超音速滑空体は、前述の通り、C－HGBとは形状が異なり、くさび形の無動力極超音速滑空体であり、いわゆる、ウエーブライダーのような形状。ウエーブライダーとは、超音速の飛行で、発生した衝撃波によって圧縮された空気で揚力を得る超音速／極超音速飛翔体のことを指すとされる。極超音速滑空体が機能するためには、ブースターが適切な速度と高度まで加速。到達すると、ターゲットに向かって極端な速度で滑空する。AGM－183A ARRWの最高速度がどれくらいかは、筆者には不詳だが、ＡＲＲＷの技術を応用したＴＢＧは、前述の通り「最高速度はマッハ20にも達する」（「The Drive」20年1月20日）とも報じられていた。ウエーブライダーを内蔵した最終的なＡＧＭ－１８３Ａ ＡＲＲＷの形状は、航空機から発射される弾道ミサイルのような外観になりそうだが、機能は完全に異なることになる。ＡＧＭ－１８３Ａ ＡＲＲＷは、Ｂ－52Ｈ爆撃機だけでなく、Ｂ－１Ｂランサー爆撃機にも搭載する計画。Ｂ－１Ｂ搭載の場合は、外部パイロン、爆弾倉合わせて、１機あたり、31発のＡＲＲＷを搭載できる見通しだ（「AIR FORCE Magazine」20年4月27日）。

つまり、Ｂ－１Ｂランサー爆撃機は、〝迅速〟に、１０００キロメートル離れた31カ所の標的に極超音速ミサイルを撃ち込むことができるようになるのだろう。

米空軍のＢ－１Ｂランサー爆撃機は、20年11月20日、ＪＡＳＳＭ空対地巡航ミサイルの飛ばないモデルを胴体下に取り付け、米カリフォルニア州のエドワーズ空軍基地で離着陸して見せたが、このデモンストレーションについて、担当した第４１２試験飛行隊のＢ－１Ｂランサーのテスト・パイロットは「Ｂ－１の外部兵器運搬と極超音速機能に向けた進歩の次のステップの一歩である」と述べた、と、米空軍は発表した（※18）。米空軍の発表文に、この極超音速ミサイルは、どんなミサイルを想定しているのか、記述はなかったが、ＡＧＭ－１８３Ａ ＡＲＲＷを視野に入れている可能性があるだろう。

ところで、米空軍は、なぜ、海軍や陸軍と共通の極超音速滑空体Ｃ－ＨＧＢを使用するＨＣＳＷをキャンセルし、ＡＧＭ－１８３Ａ ＡＲＲＷ計画の継続を決めたのか。米議会調査局報告（※４）によれば「［ＡＲＲＷ］は小型で、Ｂ－52に２倍の弾数を搭載でき、Ｆ－15でも搭載できる可能性がある」というのである。Ｆ－15戦闘機、または、戦闘攻撃機には、さまざまなバージョンがあり、上記の報告書には、Ｆ－15のバージョンまでは明記されていなかったが、この点について、20年９月14日、米空軍航空戦闘コマンド（ＡＣＣ）司令官のケリー将軍は、Ｂ－52Ｈ爆撃機やＢ－１Ｂランサー爆撃機を装備した米空軍グローバル・ストライク・コマンドに「（ＡＧＭ－１８３Ａ ＡＲＲＷ極超音速ミサイルが）最初に配備されることを期待する」と語るとともに、「古くなったＦ－15Ｃ戦闘機を交換すべき」として、交換対象機種として生産中のＦ－15ＥＸ戦闘攻撃機への期待をにじませるとともに、Ｆ－15ＥＸの機体下部中央のミサイル等の取り付け用のステーションは、米空軍の「最も重い兵器」のいくつかを運用できるとして、Ｆ－15ＥＸによる、ＡＧＭ－１８３Ａ ＡＲＲＷ極超音速ミサイルの運用可能性を示唆した。

このことは、日本の将来の安全保障にとっても、無関係ではないかもしれないので、後述する。

米軍が目指す極超音速兵器は、極超音速滑空体ミサイルだけではない。20年9月1日、DARPAは、米空軍とともに、HAWCのキャプティブ・キャリー試験が正常に完了したことを20年9月に発表した。HAWCは、空中発射型極超音速巡航ミサイルを実現するための重要な技術の開発と実証を目指すもので、特に、焦点となるのはスクラム・ジェット推進と熱管理技術。これによって、長時間の極超音速巡航の可否につながる、という（「DARPA」20年9月1日）。

米海軍も関心を寄せていたHAWC計画は、米空軍とDARPAの共同事業で爆撃機や戦闘機から発射する極超音速巡航ミサイルの開発である。これは、前述の通り、13年にB－52爆撃機から発射された極超音速試験機X－51Aスクラム・ジェット・デモンストレーターのコンセプトの後継ともいえるものだ。米空軍とDARPAとNASAの共同プロジェクトだったX－51Aウエーブライダーは、炭化水素を使うスクラム・ジェット動力による初の実用的な極超音速飛行を実現した。ちなみに、21会計年度で米空軍は、スクラム・ジェット開発では、取り入れ口から取り込んだ空気の流れを調整し、エンジン内部での抵抗を低下させる。さらに噴射を安定させるための内部抗力低下噴射安定化装置と飛行試験エンジン・コンポーネントの開発を続けるという。長期的には、DARPAは空軍の支援を受けて、「効果的で手頃な価格の極超音速巡航ミサイルを可能にする重要な技術の開発と実証を目指している」極超音速吸気兵器コンセプトの研究を続けている。「そのようなミサイルは米国防総省の極超音速滑空体よりも小さいため、より広い範囲のプラットフォームから発射できる」（※4）との見通しをDARPAは示唆している。

TBGの技術が応用されるのは、米空軍のAGM－183A ARRWだけではない。DARPAのOperational Fires（OpFires）は、TBGの技術を活用して、「高度な戦術兵器が現代の敵の防空を貫通し、時間に敏感な重要なターゲットと迅速かつ正確に交戦する」ことを可能にする地上発射システムの開発を目指していると伝えられている。

OpFiresは、具体的には、どんなシステムになるのか。DARPAは、まったく新しいブースターによって必要な高度と速度に射出されるTBGの地上発射バージョンについても米陸軍とイーブンで協力している。これが「Op Fires」のプロジェクトで、このプロジェクトでは、2段式のブースターでTBGを投射。さらに、「敵の防空網に突入し、時間的に迅速に対処しなければならない標的に正確に関与することを可能にする新しい地上発射システムを開発および実証すること。……さまざまなペイロードをさまざまな射程で運搬できる。さらに、既存の地上部隊とインフラストラクチャとの統合を可能にする互換性のある移動式地上発射プラットフォーム、および迅速な展開と再展開に必要な特定のシステムが含まれる」（※19）と説明している。

ＯｐＦｉｒｅｓのペイロードと射程にある程度の柔軟性が見込まれるような表記だが、ＯｐＦｉｒｅｓプログラムは、３つの主要な開発コンポーネントで構成されている。推進システムは、18年に契約したフェーズ1および2で開発。さらにフェーズ3の兵器システム統合プログラムを、20年1月に企業と契約。フェーズ3では、初期の要素開発から21年後半のＣＤＲ（Ｃｒｉｔｉｃａｌ Ｄｅｓｉｇｎ Ｒｅｖｉｅｗ：最終設計審査）までの設計を、21年1月を目途に行い、21年度に構成品とサブシステムのテスト、22年度に統合飛行試験を行う予定と、19年の時点ではなっていた（※20）。

スタンド・オフ防衛能力を強化する日本の極超音速ミサイル・プロジェクト

中ロが極超音速ミサイルで米国より先行し、北朝鮮も軌道を変えるミサイルを実用化する中、日本もまた、各国から「極超音速」研究で注目される国になりそうだ。

前述の米議会調査局報告（※2）には「世界の極超音速兵器計画」という項目があり、そこではフランスや韓国と並び「日本は、琉球列島の防衛を強化するために極超高速滑空体（HVGP）を開発している。ジェーンズによると、日本は2019年度にプログラムに1億2200万ドルを投資。26年度にHVGPのブロック1、33年度にブロック2を展開する予定だ。宇宙航空研究開発機構（JAXA）は、3つの極超音速風洞を運営し、三菱重工業と東京大学に2つの施設を追加している」というのである。

19年11月13日に開催された防衛装備庁のシンポジウムでは、「島嶼防衛用高速滑空弾」の解説があり、ブロック1、2ともに、ブースターから切り離された弾頭部は、極超音速で滑空、特に、ブロック2では、極超音速での衝撃波によって、揚力を発生させるウエーブライダー形状になるという。弾頭の胴体が、ウエーブライダー形状なら、胴体そのものが揚力を発生するので、揚力のための翼を考える必要性が少なく、比較的小さな操縦翼で、極超音速兵器の特徴である軌道の変更が可能になることになる。目指す速度や射程、高度等について具体的な数値は示されなかったが、ウエーブライダーが揚力を増す形状ということなら、高速滑空弾のブロックⅠより、ブロック2の方が飛距離が長いということになるだろう。防衛装備庁が作成した説明用のイラストでは、ミサイルを入れたキャニスターを2個積んだ装輪式の自走ランチャー×複数両に指揮車両×1両を加えて、1個部隊を形成。さらに、複数の部隊の上に、別の指揮車両×1両で構成するようだ。

自走ランチャー1両に、ミサイル2発という組み合わせは、米陸軍のAURミサイル／LRHW（長距離極超音速兵器）と似ている。防衛装備庁は「研究開発ビジョンスタンド・オフ防衛能力の取組」（20年3月31日）で、「研究開発ロードマップ」（※21）を提示しているが、それによると、「高速滑空弾（早期装備型）ロケットモーター」と「高速滑空弾（早期装備型）」を24〜28年に中核技術を確立し、「島嶼防衛用高速滑空弾ブロック1」の開発終了を示唆。さらに、29〜38年に「高速滑空弾（能力向上型）ロケットモーター」と「高速滑空弾（能力向上型）」を確立し、「島嶼防衛用高速滑空弾ブロック2」の完成を示唆している。

さらに、ラムモードとスクラム・モード2つのモードで、極超音速飛行を可能とする「スクラム・ジェット」の研究によって「極超音速誘導弾」、つまり、極超音速巡航ミサイルの開発も示唆している。なお、このエンジンは、飛翔速度がマッハ3〜4の段階では、超音速で流入する空気を空気取り入れ口で亜音速に減速して、圧縮し、燃料の燃焼に用いるのに対し、スクラム・ジェットの段階では、吸気を亜音速に減速せず、燃焼に用いる。

防衛装備庁が検討しているのは、ロケットで、加速し、切り離された滑空体のジェットエンジンはまず、ラムモードで働き、さらに、加速すれば、スクラム・モードに切り替えるエンジンということになるだろう。つまり、防衛装備庁は、極超音速滑空体ミサイルと極超音速巡航ミサイルの研究開発を並行して進め、「将来の脅威に備え、広域常続的警戒監視の各種アセット及び衛星通信網を活用し、スクラム・ジェット・エンジンを搭載した極超音速誘導弾や、高性能固体ロケット・モーターを利用して加速する滑空型飛翔体により、スタンド・オフ防衛能力を強化」と、その目的を明確にしている。

各国の極超音速ミサイルの開発、特に、地上発射の極超音速滑空体ミサイルの開発は、試験段階で、弾道ミサイルのロケット部分を活用して発射・滑空試験を実施するだけでなく、実戦配備用の場合も、既存の弾道ミサイルの弾頭部分を極超音速滑空体に交換して配備する例が見られるなど、弾道ミサイルとの関係が深そうだ。

すべてではないにせよ、既存の弾道ミサイルが、弾頭部分を極超音速滑空体（グライダー）に交換することによって、①飛翔距離が延伸され、②機動性が増し、既存の弾道ミサイル防衛（BMD）をかわす可能性が高まるなら、弾道ミサイル保有国が、極超音速滑空体ミサイルに改修する動きは加速するかもしれない。

もし、そうなら、逆に、このような改修によって、弾道ミサイルそのものの数量は減る可能性が出るかもしれないが、それは、極超音速ミサイルが増えるということを意味するかもしれず、これもまた、安全保障環境の激変の大きな流れとして、認識しておくべきことかもしれない。

第四章

極超音速ミサイルへの対抗策。盾か矛か

極超音速ミサイルは迎撃出来るのか。その前に、既存のミサイルの迎撃について、簡単に整理しておきたい。

現在のミサイル防衛は、大きく分けて、弾道ミサイル防衛と巡航ミサイル防衛の2種類。弾道ミサイルは、ロケット・エンジン（液体燃料＋液体推進剤）、または、ロケット・モーター（固体推進剤）で打ち上げて、噴射終了後も、そのミサイルや切り離された弾頭が上昇。部分的楕円軌道を描いて、標的に落下する。

このため、弾道ミサイル防衛では、発射を捕捉し、飛翔を追尾するために、西側諸国は、基本的に、地球から3万6000キロメートル離れた静止衛星軌道にある米国の早期警戒衛星SBIRS－GEOやDSP、それに軌道上にあるSBIRS－HIGHの赤外線データに依存している。これらの衛星が、地上や海上での赤外線の大量放射を感知すると地上の信号受信・解析装備に送られる。赤外線の放射が移動せず、拡大すれば、火災や火山噴火、それに、核実験の可能性があり、地上や海上を背景にした赤外線の放射が、一定の速度以下で移動しているなら、アフターバーナーを使用中の戦闘機や攻撃機、爆撃機等の航空機、一定の速度以上で移動するなら、弾道ミサイルの可能性がある。

弾道ミサイルは、楕円の一部を描いて飛ぶので、未来位置がある程度は予測できる。これが、弾道ミサイル防衛の前提であり、飛翔を捕捉してから時間がたつと、着弾する可能性があるエリアが割り出せる。これをフットプリントと呼ぶが、弾道ミサイルの飛翔につれて、フットプリントは徐々に狭まってくる。これと並行して、弾道ミサイルの飛翔であると判明すれば、地上の警戒レーダーや迎撃システムに、弾道ミサイルの発射／飛翔が連絡される。これをキューイングと呼ぶ。キューイングを受けた迎撃システムが稼働し、迎撃を開始する。しかし、極超音速ミサイルは、ブースターから切り離された後、単純な部分的楕円軌道を描かないので、未来位置の予測は難しい。

一方、巡航ミサイルの一般的な特徴は、弾道ミサイルより低速だが、遙かに低い高度で飛び、コースを変えることができること。巡航ミサイル迎撃手段の代表的なものは、米海軍が開発したＮＩＦＣ（海軍統合射撃管制）だが、これは、巡航ミサイルより、高い高度で飛翔を続ける〝空飛ぶレーダー・サイト〟Ｅ－２Ｄ早期警戒機のレーダーが、洋上や地上を這うように飛ぶ巡航ミサイルを捕捉すると、その巡航ミサイルの飛翔・追尾データをリアルタイムで、ＣＥＣ（共同交戦能力）という仕組みを通じて、イージス艦に伝達する。イージス艦から見て、巡航ミサイルが見通し水平線の下を飛翔している段階では、イージス艦のレーダーに巡航ミサイルは映っていない。このため、イージス艦は、Ｅ－２Ｄから送付されてきたデータに基づき、SM－6迎撃ミサイルを発射、誘導して、敵巡航ミサイルを迎撃する。一方、極超音速ミサイルは、従来の巡航ミサイルより遙かに速いので、捕捉、追尾が難しい。従って、本書のテーマである極超音速ミサイルは、弾道ミサイル防衛の仕組みでも、巡航ミサイル防衛の仕組みでも、捕捉・追尾・迎撃が難しい。

米国の極超音速ミサイル対処プロジェクト

米軍はすでに、現在の弾道ミサイルの発射探知・追尾を主目的とする現行のSBIRS早期警戒衛星システムの後継として、2025年以降のOPIR（頭上持続性赤外線）衛星システム配備開始を目指し、計画されていたが、OPIRは、静止衛星軌道に3基、極軌道に2基の配備が予定されていた。前述の通り、「極超音速の標的は、米静止軌道衛星（筆者注：SBIRS－GEO早期警戒衛星、DSP早期警戒衛星）によって、普段、追尾している対象よりも10～20倍暗い」（※1）のだから、静止衛星軌道のように地球表面から約3万6000キロメートルも離れた静止衛星軌道上の赤外線センサーでは、弾道ミサイルより低軌道を飛翔し、軌道が変化する極超音速ミサイルを、ある程度の温度の地表・海面を背景に見ることになるため、捕捉・追尾することが困難とされる。1つの解決策は、赤外線センサーを積んだ衛星を、①低軌道衛星にして地球に近づけ、②（低軌道の衛星は、地球表面上のカバーできる範囲が限られるので）衛星の数を増やすことである。

このため、新たな地球低軌道衛星センサーとして、MDA（ミサイル防衛局）のHBTSS（極超音速及び弾道ミサイル追尾宇宙センサー）衛星（約250基で構成）計画とDARPAの地球低軌道多機能衛星ブラックジャック計画が構想された。HBTSSは、MDAが、現状の早期警戒衛星センサー（SBIRS－GEO）では捕捉が難しい極超音速滑空体を捕捉するために立ち上げようとしていたプロジェクト。20年4月時点で、複数のメーカーの間で設計競合段階にあった。

HBTSSは、MDAが米企業4社に19年末にセンサーの設計を依頼しており、約250基の低軌道衛星で構成される見通しだった。一方、ブラックジャックは、通信、航法、ミサイル防衛の複数の機能を持つ衛星とされ、当初、200基という数も喧伝されていたが、20年4月24日、DARPAは、メーカーと契約を結び、21年中に2基、22年中に18基を打ち上げる予定になった。

このように、極超音速ミサイルを捕捉・追尾する早期警戒衛星システムは、弾道ミサイルに対応する早期警戒衛星衛星システムと、かなり異なるものになる上、MDAとDAR

PAが、それぞれの構想を打ち出していたことになる。

こうした中、19年3月に国防総省が設立した、宇宙システムを導入するための新しい組織SDA（宇宙開発局）は、極超音速ミサイルを捕捉・追尾するシステムの既存の構想等を整理した。その結果打ち出したのが「トラッキング・レイヤー（層）」構想。SDAが、公式ホームページで引用した軍事情報サイト「C4ISRNET」の記事（20年11月9日）によれば、「SDAは国防宇宙構造（NDSA）を構築するために創立された。……これまでで最大の防衛任務を背負った衛星の集団は、GPSで1度に30個の衛星が軌道上にある。……新たな構造のため、SDAは、26年までに約1000個の衛星を軌道に乗せることを望んでいる」（※2）という。では、「約1000個の衛星からなる〝構造〟」とは、どんなものなのか。

「20年10月5日、最初の広視野（WFOV）衛星を製作する2社を選択したと発表した。……それぞれの企業は、広視野オーバーヘッド持続赤外線（OPIR）センサーを搭載した4つの衛星を設計及び開発する」（※3）となっていた。複数の赤外線帯域に対応するOPIRセンサーを搭載したWFOV衛星の目的について、SDAは「極超音速滑空体や発達した次世代ミサイルの追尾データを提供しうる」（※4）と説明していた。弾道ミサ

トラッキング・レイヤーの概念図（SDA作成）

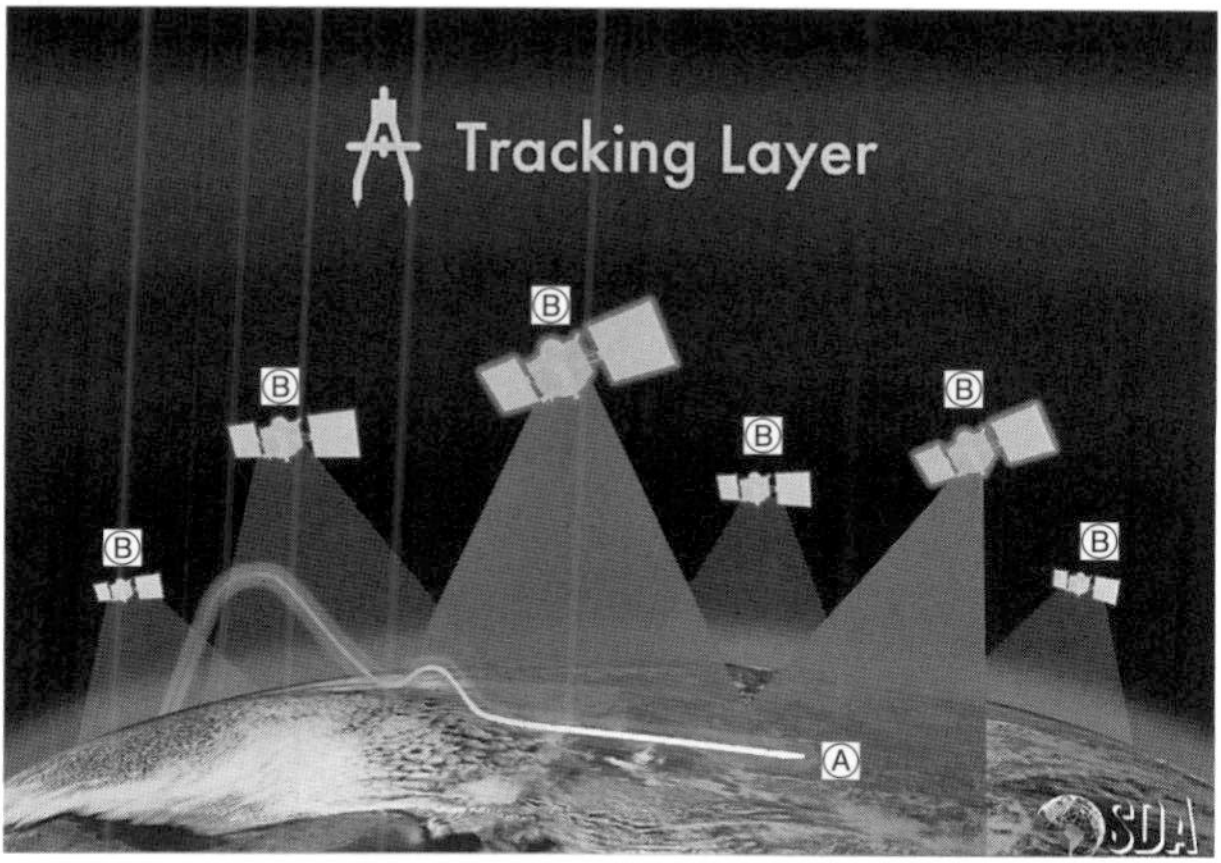

Ⓐ極超音速ミサイルの飛翔経路
Ⓑ衛星:赤外線センサー衛星（MFOV＋WFOV）

イルより、赤外線放射が格段に少ない極超音速滑空体や次世代ミサイルも追尾できる衛星だというのである。

ミサイル防衛のためには、標的となる敵のミサイルの位置、飛翔方向のデータ、及び、地上／海上の迎撃システムのセンサーを起動させる合図が必要である。先にも触れたが、この合図をキューイングと呼ぶが、トラッキング・レイヤー構想では、MFOV衛星、WFOV衛星の敵ミサイル追尾データのリレー用の衛星群、トランスポート・レイヤーも構成することになっている。

このトラッキング・レイヤーは、20年10月時点の構想では、トランシェ0、トランシェ1、トランシェ2と段階を追って発展させる予定で、最初のトランシェ0は、22会計年度末までに打ち上げる予定で、前述のオーバーヘッド持続赤外線センサー搭載広視野警戒衛星8個と、データリレー用のトランスポート・レイヤー衛星20個の計28個の衛星から構成される。トランシェ0の目的は「ミサイル警報と追跡情報を国防当局に提供し、ミサイル防衛の要素である追跡とキューイングデータを提供」できることを実証することだと、SDAは説明しているので、トランシェ0はあくまでも、試験段階ということなのだろう。

次の段階であるトランシェ1は、「24会計年度後半に打ち上げられる予定で、複数の製造供給元によって開発および製造された約100～150個の衛星から構成」され「トラッキング・レイヤーの衛星は、弾道ミサイルなどの脅威を検出すると、その情報をトランスポート・レイヤーの衛星に送信」（「SPACE NEWS」20年10月25日）する。トランスポート・レイヤーを構成する衛星は、「複数の追跡システム（トラッキング・レイヤーの衛星）からデータを取得し、それらを融合し、射撃統制ソリューションを計算することができる。その後、トランスポートの衛星は、戦術データリンクまたはその他の手段を介してそれらのデータを兵器プラットフォームに直接送信できるようになる」（※5）というのだ。そして、SDAの公式説明では、広視野衛星（WFOV衛星）は、前述のMDAのHBTSS衛星センサーを「正確な世界規模のアクセス機能を有する中視野（MFOV）衛星」として組み合わせて、SDAレイヤーとなり「永続的に世界規模にカバーし、保管機能を提供することになる」としている（※9）。従って、トランシェ1では、①WFOV衛星（OPIRセンサー搭載）、②MFOV衛星（HBTSSセンサー搭載）、③トランスポート衛星の3種類の衛星が、総計100～150個でレイヤーを成して、地球を、複数の軌道で周回するということになるのだろう。WFOV衛星とMFOV衛星の関係が、どのようになるのか、筆者には不詳であるが、米国防総省が作成したトラッキング・レイヤーの説明イラスト（p．143図参照）によれば、トランスポート衛星がWFOV衛星やMFOV衛星より、高い軌道に置かれることを示唆している。

次のトランシェ2は、26年に約1000個の衛星を打ち上げる計画だ（※6）。このため、従来の弾道ミサイルに対する早期警戒衛星DSP、SBIRSが、1桁の衛星数のプログラムであったことと比較すると、数だけでも雲泥の差と言ってもいいだろう。

トラッキング・レイヤーの目的は、前述の通り、極超音速滑空体ミサイル等に対する「ミサイル警報と追跡情報を国防当局に提供し、ミサイル防衛の要素である追跡とキューイングデータを提供」とされる。ミサイル警報は、避難など、民間にとっても重要なものであり、その成否は、現状では弾道ミサイル脅威に対して米軍の早期警戒衛星を起源とする早期警戒情報に依存している日本としても、無関心ではいられないことだろう。

日本の防衛省は、21年度防衛費の概算要求に、「低軌道衛星コンステレーション」の研究費、約2億円を計上した。これは、日本独自で、極超音速ミサイル探知・追尾用の低軌道衛星コンステレーション、いうなれば、前述のトラッキング・レイヤーの日本版を目指すということなのか、それとも約1000個もの衛星を必要とする米国のトラッキング・レイヤーを支えることを目指すのか、20年9月末の概算要求の時点では不明だった。もしも、日本が米国のトラッキング・レイヤーを支えようというなら、H－3ロケットによる打ち上げや、衛星そのものの組み立て、さらに、将来の赤外線センサーの開発等も検討されるかもしれない。

なお、米国防総省が目指しているのは、極超音速兵器計画や極超音速ミサイルの探知・追尾用の早期警戒衛星計画（トラッキング・レイヤー）だけではない。従来のミサイル防衛では、迎撃が困難とされる極超音速兵器の迎撃計画も検討されている。MDAは「弾道ミサイルによって大気圏上層部に投射されるブーストグライド・ビークルを停止するグライド・ブレーカーの提案を募集し始めた」（「National Interest」20年2月13日）。グライド・ブレーカー計画は、18年にスタート。目指すのは大気圏上層部での迎撃である。米ミサイル防衛局が発表したグライド・ブレーカーのコンセプト図をみると極超音速滑空体の正面に、迎撃ミサイルらしきものが極超音速滑空体を正面から捕捉し、噴射しつつ、向かう迎撃ミサイルと、円筒形の弾体が衝突寸前となっている。極超音速の戦略兵器の迎撃には、極超音速弾体1基に迎撃弾頭1基を体当たりさせるのだとすると、円筒形の弾体はKEW（運動エネルギー弾頭）なのだろうか。

DARPAは、20年2月10日、グライド・ブレーカーの推進システムを担当する企業を

極超音速滑空体及び弾道ミサイルの補捉・追尾用衛星レイヤー構想図

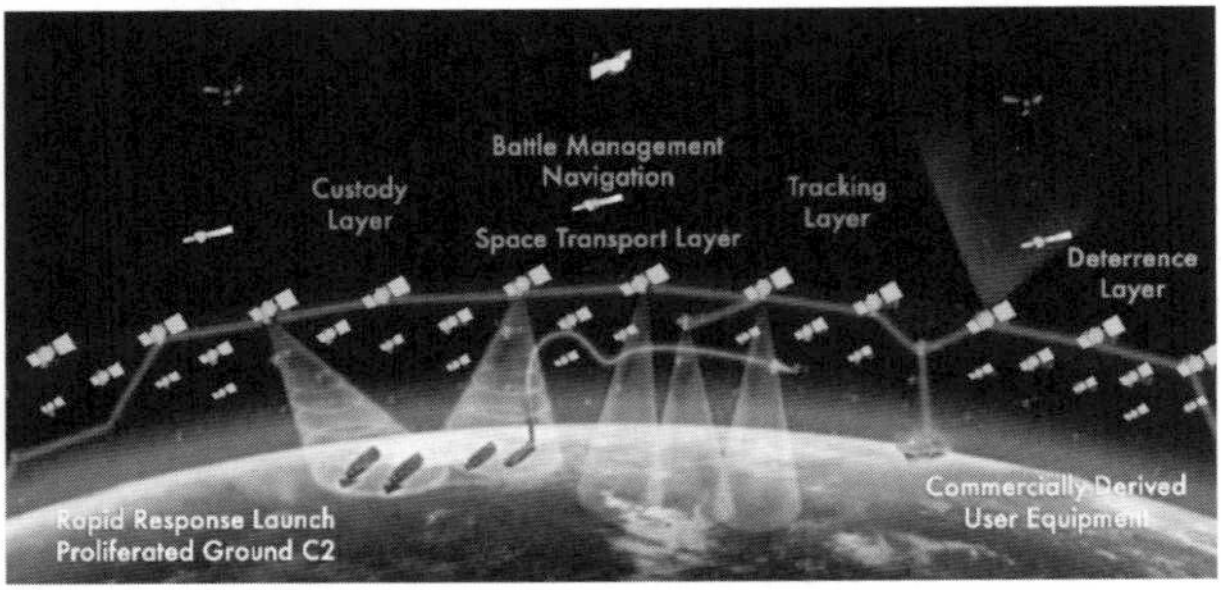

2024年段階で数十基の補捉・追尾用衛星（MFoV+WFoV）＋約200基の情報伝達衛星層で構成（米国防衛省ホームページより）

選定し契約した。ほぼその1週間後にはグライド・ブレーカーの全体開発を請け負う企業も選定されている。「この目的は、上空で極超音速で機動する脅威に対処できる高度な迎撃ミサイルを実現するために重要な技術を開発し、実証すること」で、請け負った企業は「固体燃料推進と吸気推進の両方を提供する」としている（「ブルームバーグ」20年2月11日）。

グライド・ブレーカーは、何を迎撃しようとするのか。

前述のロシアのアヴァンガルドが、大気圏上層部を飛翔することから、迎撃の対象となるのは、まず、ロシアのアヴァンガルドかもしれない。

極超音速滑空体ミサイルは、弾道ミサイルより迎撃が困難とされるが、前述の米議会調査局報告（※1）には「極超音速ミサイルに対処するために、ポイント・ディフェンスシステム、特にTHAADは、合理的に適合させることが出来る。欠点は、狭い領域しか防御できないこと」との記述もあった。THAADは、極東では、在韓米軍に配備されているが、日本には配備されていない。しかし、物理的には、日本を射程内としうる中国のDF－17極超音速滑空体ミサイルは、前述の中国メディア「新浪軍事」（19年11月23日）の記事によれば、SM－3やTHAADでの迎撃を困難にすることを意図して開発されている。

こうしたことを視野に、MDAは、極超音速兵器を迎撃するプロジェクト、HDWS

（極超音速防衛兵器システム）を別表（p．153）のように立ち上げており、メーカー側から申し入れのあったプロジェクトの名称が明らかになっている。

興味深いのは、レイセオン社のSM－3HAWKかもしれない。名称に「SM－3」という言葉が入っているところをみると、これは、弾道ミサイル迎撃用のSM－3ミサイルの改造、または、その技術やコンポーネントを利用して開発されるのかと想像されるが、真相は不明だ。日米共同開発のSM－3ブロック2Aミサイルのコンポーネントを使用するなら、日本も生産に関与する可能性が出るかもしれず、また、イージス艦やイージスアショア等のイージス・システムから発射するものなら、運用面でも自衛隊に適したものとなるかもしれない。また、バルキリー（VALKRIE）も、THAADの発展型と報じられている（※7）。

極超音速ミサイルを迎撃するシステムとしては、先述のSM－3HAWKやバルキリー等のHDWSが候補となるはずだが、MDAは、19年12月5日、それ以外にRGPWS（地域滑空段階兵器システム）という極超音速迎撃兵器計画が存在することを明らかにした。

ロシアのMiG－31KやTu－22M3等の航空機から発射されるキンジャール極超音速ミサイルや、滑空到達最高高度が60キロメートルとされる中国軍の地上発射型極超音速ミサイル・DF－17は、アヴァンガルドより、飛翔高度はかなり低い。

このためか、21会計年度予算で米国防総省は「HypersonicDefenseをサポートし、……進化する脅威に対応するために、RegionalGlidePhaseWeaponSystem（RGPWS）ミサイル防衛構成の推奨事項を提供する。米国防総省は、極超音速脅威防御兵器システムを追い求め、既存のシステムを活用及びアップグレードする」（「Defense Budget Overview February」２０２０）との方針を打ちだし、20年1月28日、MDAは「極超音速防衛RGPWSプロトタイプ・プロジェクトを実施する」と発表、応募する企業を公式に募集した（「defpost」20年1月29日）。Regionalという言葉が付いていることから、グライド・ブレーカーのような戦略兵器迎撃システムというより、地域（戦域？）射程レベルの極超音速ミサイルを迎撃することを前提とした兵器ということだろう。MDAは「（イージス艦等に装備される）Mk・41垂直発射システム（VLS）を使用」出来るようにすることも設計上の条件とMDAヒル長官が明らかにしたという。そうすれば、「米海軍の艦隊全体に（RGPWSの）能力を付与できる」とヒル長官は説明した（「Aviation Week& Space Technology」電子版20年3月4日）。Mk・41から発射できるようにするなら、RGPWSは、イージス艦からの運用を前提にしていることになる。イージス・アショアからも運用可能となるのかもしれない。

RGPWSについて、「Aerospace Daily」（19年12月11日）によると、極超音速の「準中距離及び中距離の脅威」に対応することになっているので、まさに前述の、物理的には日本を射程にしうるDF－17極超音速滑空体ミサイルが当てはまることになりそうだ。MDAのRGPWS迎撃ミサイル計画は、「米軍は、イージス弾道ミサイル防衛システムを装備したアーレイバーク級駆逐艦に配備するために、極超音速ブーストグライド飛翔体を倒すことを目的とした迎撃ミサイルを開発しており」、「ヒル長官は、どのイージス艦が最終的にRGPWSを搭載する可能性があるかを明確にしていないが、この迎撃ミサイルは（イージス・システムの）Mk・41垂直発射システム発射セル内に収まるように設計されている」と述べた。20年2月に公開された21会計年度のMDAの予算要求では、この迎撃ミサイルを多くのアーレイ・バーク級イージス駆逐艦や陸上のイージス・アショアで見られるイージス弾道ミサイル防衛（BMD）システムと統合する計画についても具体的に言及されている……21会計年度の予算案に従って、「イージス兵器システム分析を開始して、滑空段階兵器の制御と統合をサポートするための予備的な設計変更を決定し、物理的およびソフトウエアに必要な変更を含める」（※8）としている。「滑空フェーズ兵器制御の変

米MDA極超音速兵器迎撃兵器プロジェクト（コンセプト）

計画名	担当企業	備考
SM−3 HAWK	レイセオン	2020年５月２日にコンセプト提出
VALKYRIE	ロッキードマーティン	ターミナル迎撃 2020年５月２日にコンセプト提出 （THAADの発展型？）
DART	ロッキードマーティン	滑空後期＋ターミナル迎撃 （THAADがベース？）
HYVINT	ボーイング	Hypervelocity Interceptor（HYVINT）Concept for Hypersonic Weapons （洋上発射型？）
RGPWS（地域滑空段階兵器システム）	不明	イージス艦のミサイル発射装置に装填可能。「準中距離または中距離の脅威」（？）に対応。 ※HBTSS計画を優先するため、2020年に見直し
グライド・ブレーカー	ノースロップ・グラマン	大気上層での迎撃

Aviation Week & Space Technology（2020年1月13~26日、20年6月29日、20年8月17日）
THE　DRIVE（20年3月6日）　Defense News（20年8月4日）他より筆者作成

更を組み込むために、イージス兵器システムに必要なシステム設計のギャップと統合の課題を特定するための初期モデリングに基づく分析は、21会計年度に始まる」。また、RGPWSについて「MDAは、主に空気を吸い込む極超音速ミサイルではなく、無動力の極超音速ブースト滑空体を撃破することを目的としていることは明らかだ。ブースト滑空体は、ロケット・ブースターを使用し、適切な高度に上昇させるとともに、一定の速度に到達させて、その後、標的に向かって比較的平坦な軌跡を辿る……迎撃ミサイルの正確な設計、およびイージスBMDシステムの変更された機能によって、より高度な機動能力を備えた新しい空中発射弾道ミサイルや極超音速滑空体の脅威に対応することもできる。……(ロシアや中国がさまざまな極超音速ミサイル・プロジェクトを進めていることを)念頭に置いて、RGPWS迎撃ミサイルをイージスBMDに統合する理由は理解しやすい。軍艦は、危機や実際の紛争の進行に対応して迅速に位置を変えられる……MDAは、将来のHBTSSセンサーシステムがRGPWSをサポートするとしている」というのだ。

米海軍は、イージス兵器システムによる極超音速ミサイル対応のため、どんな「変更」に乗り出そうとしているのだろうか。米海軍は、飛翔中の巡航ミサイルを捕捉・追尾したE－2D早期警戒機のAN／APY－9レーダーのデータをイージス艦とやりとりするためにCEC（共同交戦能力）を備えている。米海軍は、21会計年度予算で、極超音速ミサイル対策として、このCECの発達型である、NIFC－Hypersonicの開発を打ち出した項目では「高度に重圧的な脅威に対処する目的で、加速度および高度を、CEC合成追尾環境に含めるため、CECの速度を拡張するソフトウエア開発の取り組みを開始」となっていた。つまり、極超音速ミサイルを捕捉・追尾したセンサーのデータを、迎撃システム等とのやりとりを確実に行うために、大容量で速度の速いNIFC－Hypersonicを開発するというのである。

だが、RGPWS迎撃ミサイル・プロジェクトについては20年8月、MDAは「21会計年度の第1四半期終了までに、レヴューを完了する予定」だったが、ヒル長官は、「グライドフェーズ」の防御能力を達成するには、さまざまな弾頭タイプ、さまざまなエフェクタータイプ、そこに到達するために使用される推進力の種類など、さまざまな技術が必要になるとしたうえで「MDAは極超音速防御能力を達成するため、長期的な道を歩んでおり、最初にHBTSSセンサーに焦点を合わせる」と述べ、20年代半ばから後半に配備される予定だったRGPWSのプロジェクトを一時停止し、HBTSSセンサー計画を優先する姿勢を示した。

ＨＢＴＳＳセンサーは、前述の通り、極超音速ミサイルや、弾道ミサイルの発射探知・追尾に重要な役割を果たすことが期待されるＳＤＡのトラッキング・レイヤー・プロジェクトの重要要素である。

トラッキング・レイヤーによって、敵が極超音速滑空体ミサイル等を発射したことに対する警報を出し、その滑空体が、どこに向かっているか、ほぼリアルタイムで追尾しようというものであり、ＲＧＰＷＳ迎撃ミサイルも、ＨＢＴＳＳセンサーに依存することが前提の仕組みだった。このため、ヒル長官が示した方針は、そもそも、ＲＧＰＷＳ迎撃ミサイルによる極超音速ミサイル迎撃の前提でもあるＨＢＴＳＳ／トラッキング・レイヤーの完成を急ぐ姿勢を示したようにも見える。

極超音速兵器の追尾を任務とする装備は、宇宙のトラッキング・レイヤーだけではない。アメリカは、アラスカ州クリア基地に、ＬＲＤＲ長距離識別レーダーを建設するが、メーカーは「今日の脅威に対処するように設計されているだけでなく、ハードウエアの設計を変更することなく、極超音速の脅威などの新しい脅威に適応する態勢を整えている」と説明している（※９）。

従来の極超音速ブースト滑空ミサイルの捕捉・追尾が出来れば、将来の迎撃の基盤になるだけでなく、どこから、敵のミサイルが発射されたのかを確定することが出来るかもしれない。それが、確定できれば、反撃すべき相手の特定につながるかもしれない。

ところで、現時点での防空装備では、極超音速兵器に対応できないのか。弾道ミサイル防衛で使用されるSM－3やPAC－3ミサイルのシリーズは、ある程度、軌道と未来位置の予測が可能な弾道ミサイルに対しては、近接信管を使用するのではなく、標的にそのまま体当たりして迎撃する方式をとっている。終末（ターミナル）段階での弾道ミサイル迎撃を目指すPAC－3システムは、PAC－3ミサイルのシリーズやPAC－2GEMミサイルのシリーズを運用するが、極超音速滑空体ミサイルや極超音速巡航ミサイルを標的とする場合、マッハ5以上の高速のまま、軌道（飛翔経路）が突然、変化する可能性があることから、標的への直撃を目指すPAC－3ミサイル・シリーズのPAC－3MSEミサイルやPAC－3CRIミサイルでは対応が難しいかもしれない。

むしろ、PAC－3システムで運用されるPAC－2GEM－Tミサイルの方が、PAC－3ミサイル・シリーズより射程が長く、信管を用いて、標的が近づいた段階で爆発、破片を周囲に撒き散らし、標的を損傷するので、現時点では、極超音速ミサイルへの対応にまだしも適しているかもしれない。

弾着に近い、終末段階での弾道ミサイル迎撃や、海面上を低く這うように飛ぶ巡航ミサイル防衛用に米海軍がイージス艦に配備を進めているのがＳＭ－６迎撃ミサイルだが、このミサイルを極超音速ミサイル迎撃に使用する可能性が検討されているとの報道もあった。「米国防総省はＳＭ－６を極超音速飛翔体迎撃ミサイルとすることを検討している。これは『高度に機動する脅威』に対してすでに効果があり、23会計年度に極超音速ブースト滑空標的に対する飛行試験が予定されている」（「INSIDE DEFENSE」20年8月25日）というのである。特に、米海軍は、空母打撃群を機動性の高い極超音速兵器から防護する潜在能力を保有していることを示し、米国防総省の担当者は、それがＳＭ－６であることを示した、というのである。記事によれば「国防総省は、ＳＭ－６洋上防衛の飛行試験中において、高度な機動性の脅威に対抗する初期段階の能力を示し、23年度には極超音速の脅威の目標に対する飛行試験を実施する予定だ」と国防総省の担当者は20年3月11日に米下院軍事委員会のインテリジェンス、新たな脅威及び機能についての小委員会で証言しただけでなく米海軍の担当者は、米上院でも、「超高速兵器の新たな段階である機動性の高い極超音速兵器を防ぐために既存の兵器システムを統合した」と述べた。しかし、その「既存の兵器システム」を特定することを拒否。機密ブリーフィングを実施することを議員に約束したという（「INSIDE DEFENSE」20年8月25日）。

それは、どんな能力なのか。

「米海軍には、特に空母打撃群を、進化するミサイルの脅威から守るために、共同交戦能力（CEC）と海軍統合火器管制—対空（NIFC－CA）という2つの主要なプログラムがある」（「INSIDE DEFENSE」20年8月25日）として、SM－6による極超音速ミサイル迎撃は、前述の巡航ミサイル迎撃の仕組みであるNIFCとの関係を示唆している。これは、前述のNIFC－Hypersonicを意識したものだろうか。そのうえで、「米海軍と（メーカーの）レイセオンは、21インチのロケット・モーターと誘導部及び処理部を組み合わせて、ミサイルの射程と速度を改善することにより、SM－6を改善するために過去数年にわたって取り組んできた」（「INSIDE DEFENSE」20年8月25日）としている。

SM－6の従来型である、SM－6ブロック1A迎撃ミサイルは、ブースターが直径21インチで、2段目より上の部分は直径13・5インチ。前述の通り、米海軍は、21会計年度から、SM－6のブースター以外の部分も21インチ直径のミサイル、SM－6ブロック1Bを開発し、推進剤を増やして、極超音速ミサイルにすることを目指している。同記事が明示しているわけではないが、SM－6をベースとした極超音速ミサイル迎撃ミサイルは、SM

－6ブロック1B同様、直径を増やすことによって、推進剤を増やしたミサイルを使用するのだろうか。筆者には不詳である。

すでに、中国は、DF－17極超音速滑空体（HGV）搭載ミサイルを19年10月1日の国慶節軍事パレードで披露しているが、令和2年版防衛白書は、DF－17は、最大射程1000キロメートルの「DF－16短距離弾道ミサイルをベースに開発されたとされ……」るが、DF－17の「最大射程を1800～2500キロメートル」と記述。DF－16とDF－17のブースターが基本的に同じならば、比較的単純な楕円の一部を描く弾頭を極超音速でも飛翔可能で、軌道変更可能な滑空体（グライダー：HGV）に交換することで、ミサイル防衛での対応が難しいだけでなく、飛距離も延伸できるということかもしれない。

一般論だが、HGVの技術は、ひとたび、確立すれば、さまざまな射程の弾道ミサイルに搭載という形で応用可能ということになるだろう。

ロシアは、サイロ発射式ICBMのSS－19（UR－100NUTTkH／RS－18）2発に極超音速滑空体であるアヴァンガルドを搭載し、19年12月27日に配備したと、同国防省が明らかにした。

「アヴァンガルドは、ICBMのブースターで、高度62マイル（約99・8キロメートル）または、地球低軌道の3分の1に到達。いったん、この高度に上がると、アヴァンガルドは、マッハ27で目標に向かって急降下する」、「アヴァンガルドの有用性は、実際には宇宙に到達しないこと。米弾道ミサイル防衛は、（大気圏外から）再突入してくる核弾頭を撃墜するように設計されている。言い換えれば、アヴァンガルドは弾道ミサイル防衛の下、その交戦範囲の下に突入。これにより、ロシアはアラスカ州フォートグリーリーとカリフォルニア州ヴァンデンバーグ空軍基地を拠点とする陸上ミッドコース・ディフェンスインターセプター（GMD用GBI迎撃ミサイル）をすばやく破壊することができる」（「Popular Mechanics」19年12月30日）とされ「18年12月26日の試験では、南ウラルのドンバロフスキイのミサイル基地から、3500マイル（約5630キロメートル）以上離れたカムチャッカ半島のターゲットに向けてSS－19の頂部に取り付けられた、滑空体が打ち上げられた」（※10）という。「2メガトン」（「Navy Times」19年12月27日）までの威力の核弾頭を内蔵できる実用版アヴァンガルド滑空体は、19年12月に、サイロ発射型UR－100NUTTkH（NATOコード：SS－19）ICBM×2発に1基ずつ搭載された。UR－100N大陸間弾道ミサイルのシリーズは、1975年に就役した歴史あるICBMである。米国にとって極超音速「核弾頭」ミサイルの影は現実に掛かり始めたのだ。2027年までに同ＩＣＢＭ×12発がアヴァンガルド搭載型に改修される見通しという（※10）。なお、同米議会調査局報告書は、19年にアヴァンガルド搭載ＳＳ－19が配備されたのは、「オレンブルク地域に司令部を置く第31ロケット軍の配下にあるドンパロフスキイ（赤い旗）ミサイル師団の第13連隊の可能性がある……（ロシアの）戦略ロケット軍の２つのミサイル連隊は、27年までにそれぞれ６発のアヴァンガルド・システムを装備する」見通しと指摘したが（※10）、では、ドンパロフスキイに展開している第13ミサイル師団（４個連隊編成）のうちの１個連隊（第６２１連隊）に（アヴァンガルドを搭載した）ＳＳ－19Ｍ４×２基が装備された、との指摘もあり、配備部隊の表記が、前述の米議会調査局報告と差異がある（多田将 高エネルギー加速器研究機構・素粒子原子核研究所准教授の指摘）。なお、「ＲＮＦ２０２０」（Russian Nuclear Forces, 2020 : Bulletin of the Atomic Scientists）では、４００キロトン級核弾頭６個搭載可能なＳＳ－19Ｍ３ＩＣＢＭはゼロ基と記載され、「一部の連隊は活動を継続しているが、全てのＳＳ－19ＩＣＢＭは廃止、または、核弾頭を下ろした」として、今後、現役に戻るＳＳ－19は、アヴァンガルド搭載型になることを示唆している。そして、「ドンパロフスキイのサイロは、改修で何らかの防空システムがある」とも記述されている。また、ロシアは開発中のＲＳ－28サルマート（ＳＳ－Ｘ－30）ＩＣＢＭにもアヴァンガルドを搭載する予定だ。

「サルマートは、10個または15個の弾頭……及び、潜在的には複数のアヴァンガルド極超音速滑空体を運搬できる」、「（サルマートは）21年頃にウズールミサイル師団、ドンパロフスキーミサイル師団に配備される可能性がある」（※10）と見られるので、アヴァンガルドを装備するロシアのＩＣＢＭは、増えることになりそうだ。

では、ロシアのＩＣＢＭに搭載されるアヴァンガルドは、米国にとって新たな脅威なのか。

この点について、米議調査局会報告（※10）は、そもそも、「米国は、ロシアの戦略弾道ミサイルまたは弾頭を迎撃するために必要な機能を備えた弾道ミサイル防衛システムを開発も展開もしていない。……米国は『米国に対する大規模で技術的に洗練されたロシアと中国の大陸間弾道ミサイルの脅威から守るのは抑止力に依存している』」と記述している。「アヴァンガルドは、その機動性でミサイル防衛をすり抜けるという理由で、米国に対する新たな脅威や核抑止の新たな問題を生み出さない。米国は、既存のロシアの長距離弾道ミサイルですら迎撃できるミサイル防衛を保持しておらず、開発もしていない。……既存の米国のミサイル防衛迎撃機のほとんどは、アジアや中東の敵によって発射される準中距離および中距離の弾道ミサイルに対抗するように設計されており、ロシアの長距離弾道ミサイルを迎撃する能力に欠けている。米国はアラスカとカリフォルニアに長距離ミサイルを標的とする数十の迎撃ミサイルを配備したが、これらは何百もの洗練されたロシアのミサイルを迎撃するために必要な洗練された技術でも全体的な数量でも欠けている」というのである。つまり、米国は、ロシアの戦略核に対しては、確証破壊の考え方を維持し、迎撃能力に欠けるため、ロシアの戦略核兵器がアヴァンガルドのような機動する弾頭に変わっても、ロシアの戦略核の脅威に変化はない、という考え方のようだ。

SS－19に搭載されるアヴァンガルドは、中国のDF－17に搭載されるDF－ZF極超音速滑空体が到達高度60キロメートルとされるのに対し、地球低軌道である高度約100キロメートルで切り離されるので、空気の薄いほぼ真空である大気圏外で、マッハ20以上の極超音速で飛行することが可能だ。そして、大気圏に突入すると、滑空してコースを変更するとともに揚力を得て、再び大気圏外に出ることが可能である。つまり、弾道ミサイルのような単純な部分的楕円軌道は描かない。こうして、アヴァンガルドはミサイル防衛を回避しながら、地球低軌道に沿うようにして飛行するように設計されている、ということになる。

弾道ミサイル防衛は、敵弾道ミサイルや弾頭が比較的単純な楕円の一部を描くので、その追尾データを処理すれば、未来位置がある程度、絞り込める、ということが前提だが、極超音速ミサイル相手では、前提が狂ってしまうことになる。

中国のDF－41も、アヴァンガルドのような極超音速滑空体を弾頭に使用することになれば、米国の早期警戒網情報、ミサイル防衛にとって、困難な事態になるかもしれない。

ロシアの極超音速ミサイル対処プロジェクト

極超音速ミサイルで、米国に先行するロシアは、極超音速ミサイルからの防御プロジェクトにも着手している。ロシアは、どのようにして、捕捉・追尾が難しい極超音速ミサイルを捕捉するのだろうか。

ロシアは、極超音速ミサイルの探知・捕捉用に、北極圏のコラ半島に、極超音速飛翔体を捕捉・追尾できる「Ｒｅｚｏｎａｎｓ－Ｎレーダー」２基を配備する予定で、レーダーの１基は、すでに建造済みで、20年末までに、もう１基が配備される見通しだったという。さらにロシアは５基のＲｅｚｏｎａｎｓ－Ｎレーダーステーションの発注を決定。これらはノバヤゼムリャ群島の東の北極圏に配備される予定、という（「タス通信」20年２月７日）。

Rezonans－Nレーダーの性能は不詳だが、前記のタス通信記事は「Rezonansレーダーは、……ステルス技術に基づく航空機を検出し、マッハ20までの速度で飛行する極超音速標的を検出可能」としている。また、ロシアの装備品輸出国営企業ロソボロネクスポルトのホームページは、「巡航ミサイル、弾道ミサイル、極超音速飛翔体、ステルスを効果的に捕捉」する「Rezonans－NEレーダー」は、「100×100メートルの敷地に最大4つのレーダーモジュールがあり、それぞれが90度の方位角セクターを制御し、独立して動作」するとし、その諸元として「探知距離：10～1100キロメートル、探知高度：約100キロメートル、高度1万キロメートルの航空機識別距離：350キロメートル、同時追尾目標数：約500」と紹介。また、アルジェリアに輸出されたRezonans－NEレーダーについて、「GlobalSecurity」は、「秒速0・1～7000メートル（マッハ23）という速度の標的を捕捉できる」と記述していた。（※12）。ロシア国内に配備されるRezonans－Nレーダーが、Rezonans－NEレーダーを上回る性能の可能性はあるだろう。ロシアは、自国配備用として、さらに極超音速飛翔体を捕捉・追尾するための、Nebo－Mレーダーを開発しているのみならず、輸出を視野に入れた別のレーダーも開発した。

20年5月21日、ロソボロネクスポルトが、ロシア軍の59N6－Tレーダーの輸出バージョンである、59N6－TE移動式3次元レーダーの「世界市場へのマーケッティング活動を開始」と発表した。この59N6－TEレーダーについて、ロソボロネクスポルトは「極超音速ターゲットを含む既存および将来の広範囲の空中ターゲットを効果的に検出できる最先端のレーダー」、「外国の顧客のニーズを考慮し、防空ユニットの情報収集能力を拡大した」と説明。顧客のニーズに柔軟に対応するためか、59N6－TEレーダーの構成は、「レーダーアンテナ・ハードウエア複合体と、表示ポスト」が基本で、「KAMAZ 6560トラックに搭載したり、固定施設としたり、レーダーアンテナ・システムを高い塔に立て、表示ポストは、グラスファイバーで最大1キロメートル、無線リンクを使用して、最大15キロメートル、アンテナ・システムから離すことができる」とその柔軟な構成を強調している。

59N6－TEレーダーの具体的な能力については「波長は、デシメートル」として、極超短波＝UHF帯であることを示し、「極超音速標的とは別に、空力標的（航空機や巡航ミサイル）、それに弾道標的を効果的に検出」し、「標的との距離、方位角、高度を測定する。レンジは450キロメートル、高度2000キロメートルで、最高時速8000キロメートルまでの飛翔体を検出。そのレーダー情報をC4Iシステムと交換する。……空中標的の捕捉と追跡には、自動モードと半自動モードがあり、リアルタイムモードでは、1000以上の標的を同時に追尾し、対レーダー・ミサイルを含む8種類の標的を認識し、高精度な弾薬やミサイルによる危険性を除去するため、味方の戦闘員に警告できる」としている。

つまり、59N6－TEレーダーは、〝C4Iシステム〟と連接できるので、少なくとも、極超音速ミサイルに対する警戒レーダーとしては、機能しうるのだろう。しかし、迎撃システムの一環として、迎撃ミサイルの誘導も将来、意図したものかどうかは、筆者には不明だ。

では、ロシアは、極超音速ミサイル迎撃システムを開発しているのだろうか。ロシア航空宇宙軍のサロビキン司令官は、インタビューに答えて、最新の地対空ミサイル・システム、S－500プロメテウスは「システムに組み込まれている特性により、弾道ミサイルのみならず、近距離宇宙を含む、あらゆる極超音速飛翔体のバージョンを破壊することが出来る。匹敵するシステムは他にないといえよう」（ロシア連邦軍機関紙「赤い星」（20年7月3日））と述べている。S－500は、91N6A（M）戦闘管理レーダー、96L6－TsP捕捉レーダー、76T6エンゲージメント・レーダー、77T6対弾道ミサイル・エンゲージメント・レーダー等、複数の種類のレーダーを使用し、迎撃ミサイルも、９M82、９M83等、複数の迎撃ミサイルを使用する複雑なシステムだ（※13）。ロシアの航空宇宙軍の司令官は、「次世代のＳ－５００対空ミサイルシステムは衛星や極超音速兵器を撃墜できる」と述べ、「Ｓ－５００は、弾道ミサイルに対しては、射程３７０マイル（約６００キロメートル）で、他のターゲットについては射程３１０マイル（約５００キロメートル）。最高時速1万６０００マイル（マッハ20以上）の極超音速標的、最大10個を同時に狙える」（「赤い星」20年7月3日）という。10個の弾頭から個別に誘導される子弾で極超音速飛翔体を撃墜するという。Ｓ－５００は、21年から稼働予定とされているが、20年中にも1個中隊が稼働する可能性があるとされてきた（「ニューズウィーク」20年7月3日）。

対処できる標的の最高速度約がマッハ20以上とすれば、Ｓ－５００が迎撃できる極超音速ミサイルは、米軍のＢ－52Ｈ爆撃機から発射されるＡＧＭ－１８３Ａ　ＡＲＲＷを視野に入れているのかもしれない（※13）。プーチン・ロシア大統領は、20年6月14日「ロシア軍が極超音速攻撃を阻止できる対抗策をまもなく実施するようになる」と発表した（「ミリタリーウォッチマガジン」20年6月15日）が今後の動向に注目したい。

ロシアが、開発している極超音速ミサイル迎撃プロジェクトは、地上発射型の迎撃ミサイル・システムだけではない。ロシアは、極超音速ミサイルを空中で迎撃するために、MiG－31、及び将来のMiG－41戦闘機搭載用のMPKR－DP迎撃ミサイル・システムの開発に乗り出しているとされるが、ベラルーシ国防省の軍装備等の管理部門ホームページのニュース部門には、国内外の装備についての記述があり、MPKR－DPについて「1つの弾薬に複数のホーミングシェルが搭載されれば、（極超音速飛翔体のような）高速オブジェクトに命中する可能性は大幅に増加」、「有力な候補のひとつは、（空対空ミサイルのRVV－AEまたはR－77の次期バージョンである有望な中距離ミサイルK－77M」、「Su－57の内部コンパートメントに内蔵する必要性」とした上で、MPKR－DPの迎撃手順について「1. 迎撃戦闘機が約200キロメートル飛行可能な飛翔母体（キャリアー）を発射 2. 飛翔母体から、いくつかの空対空ミサイルが切り離される 3. アクティブ・レーダーホーミングヘッドを使用して、これらのミサイルはターゲットを捕捉、迎撃する」と記述しているが、筆者には不詳だ。

また、ロシアでは、極超音速兵器を妨害する電子戦システムの開発も行われていると報道されている（「イズベスチャ」20年4月22日）。「極超音速ミサイルの飛翔経路の最終段階で、光電子工学（センサー）、レーダー、衛星航法を抑制し、正確な打撃を防ぐことが出来る」

として、GPS妨害、無線誘導妨害、レーダー妨害、光電子誘導妨害について紹介している。

Ｄｉｖｎｏｍｏｒｙｅというシステムは「ロシアの北極海岸に沿って設置された電子戦の新システム（の1つ）で、数千キロ離れた外国船舶や航空機を妨害することができる」（「モスクワタイムズ」19年5月22日）という。

ＧＰＳ妨害については、「ロシア軍の既存の電子戦システムでも行うことが可能」、「最も効果的な電子戦システムは、稼働中のＤｉｖｎｏｍｏｒｙｅで、数百キロメートルの範囲で、航空機、ヘリコプター、無人機のレーダーや航空機搭載電子装置を抑制」し、さらに標的を見つけ、位置を確定するのに重要な「偵察衛星に干渉」したうえで、「レーダー誘導のミサイル……を妨害できる」（「イズベスチャ」18年5月4日）としているのである。

米空軍のＡＲＲＷ極超音速ミサイルは、発射母機にＢ－52ＨやＢ－1Ｂ爆撃機を使用するので、Ｄｉｖｎｏｍｏｒｙｅが、発射母機を妨害するという手段も考慮されるかもしれない。

極超音速ミサイルをより安価な手段で妨害する方法もあり、例えば、「特別なエアロゾルを備えたグレネードランチャーは、ミサイルから標的を確実に隠す雲を作る可能性があり、正確に照準を合わせることが不可能になる。このような否定的状況に直面すると、敵の武器はターゲットを攻撃できなくなる」(「イズベスチャ」20年4月22日)との例を紹介しているが、これは、米国の極超音速ミサイル計画が、オバマ政権以降、全て、非核の通常兵器として開発される、つまり、かなりの精度を期待されて開発されることを踏まえてのことかもしれない。米国の極超音速兵器が核兵器であれば、ロシアが標的を隠し、飛翔コースをずらすことが出来ても損害を免れることは難しいからだ。

ロシアは、GPS信号を事実上、乗っ取り、妨害が可能なクラスカ－2、同－4等の移動式電子戦装置を配備している。GPSの妨害と乗っ取りは、ロシアの得意分野と言えよう。

GPS信号の妨害や乗っ取りは、飛翔中にプラズマに包まれる極超音速ミサイルそのものに対する対策にはならなくとも、その発射母機に対する対策となりうるということかもしれない。

さらに、GPS信号の妨害や乗っ取りは、他の軍事分野にも応用が利く分野といえよう。なぜなら、NATO諸国はじめ、いわゆる西側諸国は、軍用機や軍艦、軍用車両そのものの運用だけでなく、誘導爆弾等、さまざまな軍用システムが、GPSに依存して運用されているからだ。そのシステムの妨害には、ＧＰＳ信号の妨害・乗っ取りが有効だ。これに対抗するため、米陸軍は、ＧＰＳそのものの抗耐性を強化するだけでなく、米企業が開発した、ＧＰＳに依存せず、加速度計、ジャイロスコープ、高速コンピュータを組み合わせた歩兵、車両用の小型の慣性航法システムである「戦闘員位置センサー」を一部の部隊で導入した。ＧＰＳ登場前に一般的であったシステムを復活させているわけだが、一見すると、後退した技術のようにもみえるが、防衛面では、古い技術の再検討・見直しが、解決策に繋がるかもしれない、ということなのだろう。

第五章

台頭する中国
～その軍事力の行方

2020年4月に米軍は、空母セオドア・ルーズベルトの空母打撃群、7月には空母ロナルド・レーガンと空母ニミッツの2個空母打撃群に米空軍のB－52H大型爆撃機1機を加えた異例の演習を南シナ海で展開した。

20年8月26日、中国軍は南シナ海に向け、弾道ミサイル4発を撃ち込んだ。翌27日、米国防総省は、「最近の中国の弾道ミサイル発射についての米国防総省声明」を発出。「南シナ海の紛争地域で軍事演習を実施することは、緊張緩和や、安定維持に対して逆効果だ。……中国の行動は、南シナ海を軍事化しないという公約とは対照的であり……」と非難した。では、中国は、具体的に、どんなミサイルをどのように発射したのか。

この点について、米国防総省の声明に記述はなかったが、中国・人民日報系の英字紙「Global Times」（20年8月27日）は、他のメディアを引用する形で「ミサイルは海南省と西沙（パラセル）諸島の間の海域に着弾」とした上で、さらに香港のメディアを引用して「DF－26Bは北西部の青海省から、もう1つのDF－21Dが東部の浙江省から発射され……（中略）消息筋は、ミサイル発射は中国が紛争地域である南シナ海への第三国のアクセスを拒否する能力を改善することを目的としたと述べた」と報じた。DF－21DとDF－26Bは、どちらも移動式発射機を用いる、言うなれば、INF射程の地上発射ミサイルだ。DF－26Bは、射程4000キロメートルの地上・海上標的攻撃用の核・非核両用中距離弾道ミサイルとされ、グアムの米軍基地に達するため「グアム・キラー」とも呼ばれるが、対艦弾道ミサイルでもあると分類されている（「The Diplomat」20年8月27日）。対艦弾道ミサイルという種類の兵器は西側には見当たらない兵器だ。DF－21Dは射程約1800キロメートルの準中距離対艦弾道ミサイルで、「空母キラー」とも呼ばれる。射程が2倍以上も異なる海上標的攻撃用のミサイルを南シナ海の特定エリアに事実上、集中して撃ち込んだことにより、米国などによる「南シナ海へのアクセスを拒否する能力」を見せつけようとしたのかもしれない。

米国は南シナ海へのアクセスとして、いわゆる「航行の自由作戦」を実施してきた。15年に2回、16年に3回、17年に6回、18年に5回、19年に7回を数えた。20年では、10月9日までに、8回を数えている（※1）。一般に、米海軍の空母打撃群は、原子力空母1隻を中核として、その艦載機部隊、F／A－18C／E／F戦闘機44機、EA－18G電子攻撃機5機、E－2早期警戒機4機＋艦載ヘリコプター部隊、それに、イージス巡洋艦やイージス駆逐艦、潜水艦が加わったものとされ、これだけでも大変な戦力だ。20年4月に南シナ海に投入されたのは、1個空母打撃群だったが、7月には、その2倍の空母戦力プラス米空軍のB－52H大型爆撃機1機が、同時に南シナ海に投入されたのである。前述の「Global Times」は「米国が中国を標的とする南シナ海での軍事活動を増加させるとき、人民解放軍は強力な対抗配備と、米国の圧力を薄めるための演習を実行しなければならない」と記述した。米中は、なぜ、南シナ海を巡り、鞘当てのような際どい軍の活動を続けるのだろうか。米国の安全保障戦略にとって、南シナ海とは、どんな意味を持つのであろうか。20年8月末に発行された米議会調査局報告（※2）は「南シナ海の中国の基地とそこから活動する部隊は、中国の新たな弾道ミサイル原潜（ＳＳＢＮ）からなる戦略的抑止部隊の要塞（つまり、防衛活動中の聖域）を南シナ海に作成するのに役立つ」と分析している。

つまり、米議会調査局報告は、南シナ海における中国の新型ミサイル原潜のための「聖域化」に注目しているのだ。

これは、どういうことだろうか。

一般論だが、戦略核兵器とは、敵国の都市や政治中枢、それに、敵国の戦略兵器の破壊を目的とする核兵器で、①大陸間弾道ミサイル（ＩＣＢＭ：射程５５００キロメートル以上の地上発射弾道ミサイル）、②潜水艦発射弾道ミサイル（ＳＬＢＭ）、③重爆撃機の3種類が基本とされてきた。

重爆撃機について、中国は、航続距離8500キロメートル以上のH－20型ステルス爆撃機を開発中と伝えられるが、20年11月時点で、米本土に届く重爆撃機は存在しない。注目されるのは、戦略ミサイル原潜（SSBN）に搭載されるSLBMだ。

一般にICBMの発射装置は2種類。1つは地面を掘った縦穴にミサイルを収め、巨大な蓋をするサイロ。サイロは固定された施設だ。もう1つが、車両や列車に搭載する移動式発射機だが、どちらも、偵察衛星等のセンサーの発達で、平時から場所を割り出される可能性が高く、ICBMの発射機（基）は、敵の戦略核兵器の標的となる。重爆撃機は、飛行場にいるところや飛行中を狙われる。しかし、SLBMを搭載した戦略ミサイル原潜は、海中にいて、敵国による先制攻撃を免れやすいので、SLBMによる反撃に転じられる。つまり、SSBN／SLBMの保有は、核抑止にとって、重要な位置を占めることになる。では、中国のSSBN／SLBMの現状は、どうなっているのか。

中国は「6隻の晋級SSBNを建造。最大12発のCSS－N－14（JL－2）SLBMを搭載できる中国の晋級SSBNは、中国にとって初の実効性ある海上核抑止力。次世代の096型SSBNは後続のSLBMで武装すると伝えられており、20年代初頭に建造を開始する可能性がある。……中国は晋級と096型SSBNの艦隊を同時に運用する。現行のJL－2の射程の限界から、中国が米国の東海岸をターゲットにするなら、晋級SSBNはハワイの北や東の海域で活動する必要がある」（米国防総省「中国の軍事力2020」）。JL－2は、核弾頭を1～4個装備する射程7400キロメートル以上のSLBMで、令和2年版防衛白書には、射程8000キロメートルと記述されている。しかし、米本土を射程に収めるためには、JL－2搭載の晋級原潜は、ハワイ近辺の太平洋に進出する必要があるというのだ。ところが「人民解放軍海軍は、094型と096型SSBNを同時に運用すると予想されており、30年までに最大8隻のSSBNを持つ可能性がある。これは、習近平主席のSSBN部隊に対する18年の指示『より強力な成長を達成する』に一致する」（米国防総省「中国の軍事力2020」）と分析しているが、JL－2潜水艦発射弾道ミサイルを搭載する094型（晋級）ミサイル原潜には、どのような役割が割り振られるのだろうか。

例えば、晋級戦略ミサイル原潜が、黄海の海中に潜めば、米本土をJL－2の射程に出来なくても、米本土防衛の要、NMD（国家ミサイル防衛）のGBI迎撃ミサイル・システムが、配備されているアラスカが物理的には射程内になりうる。なお、NMDのGBI

は、北朝鮮が、米国に届く大陸間弾道ミサイルを開発していることを前提に、開発した迎撃システムで、17年に迎撃試験に成功。18年6月までに44発／基がアラスカとカリフォルニアに配備されている。

では、ＮＭＤを封じることが出来れば、次に中国が狙うのは何か。

18年11月の初の発射試験以降、試験発射が続けられている新型のＪＬ－３型ＳＬＢＭの射程は1万２０００～1万４０００キロメートルとされ、０９６型原潜に最大24発が搭載可能とも報じられていた（「人民日報」15年2月26日）。したがって「中国が……より長い射程のＪＬ－３などの、ＳＬＢＭを配備すれば、中国海軍は（中国の）沿岸海域から米国を標的とする能力を獲得する」（米国防総省「中国の軍事力２０２０」）というのだ。つまり、中国のＪＬ－３／０９６型ミサイル原潜の将来の配備は、米国にとっては、死活問題である。一方、中国にとっては、米国との戦略核バランスの問題なのだろう。

では、米国を標的とするために０９６型ミサイル原潜が展開するであろう「（中国）沿岸海域」とは、どこなのだろうか。

中国を囲む海は、大きく分けて、黄海、東シナ海、南シナ海の３つ。黄海の平均水深は、50メートル弱。東シナ海のほとんども水深２００メートル未満とされる。晋級ミサイル原潜が、中国沿岸から、黄海や東シナ海を経て、太平洋に出ようとしても、日本の薩南諸島と琉球諸島が壁のように連なり、沖縄・嘉手納基地には、米海軍最新の潜水艦ハンター、P－8A哨戒機、海上自衛隊のP－3C哨戒機が那覇基地に展開し、目を光らせている。つまり、黄海沿岸や東シナ海沿岸は敵にレーダー捕捉されやすいので、ミサイル原潜展開に向いているとは言い難い。

このためか、中国のSLBMを搭載した晋級ミサイル原潜の基地は、南シナ海北部の海南島の玉林（三亜）にある（「ジェーン海軍年鑑2020～2021」）。南シナ海には、水深2000～4000メートルの海域が拡がっている。この海域に他国の潜水艦、水上艦、哨戒機が、平時から入れないように出来れば、中国のミサイル原潜の〝聖域〟にできるかもしれない。

中国が、南シナ海の島しょや人工島に滑走路やレーダー、対空装備、港湾施設等を建設して基地化しているのは、ミサイル原潜の聖域づくりのため、と考えれば辻褄が合う。ミサイル原潜の聖域が誕生すれば、どうなるのか。

南シナ海から、JL－2を発射しても、米本土には届かないが、日本は射程内。そして、将来、JL－3なら、南シナ海潜行中の096型ミサイル原潜から米本土を直接、射程範囲に出来ることになりそうだ。

０９６型／ＪＬ－３プロジェクト及び、それと並行して、南シナ海でのミサイル原潜〝聖域〟化を中国が進めるなら、米国の反発は避けられそうもなく、米軍の「航行の自由作戦」や、南シナ海エリアでの米軍や、その同盟国の演習は継続されることになるだろう。

近い将来、ＪＬ－３ミサイルを搭載した０９６型ミサイル原潜が完成し、南シナ海に米国とその同盟国が、手出し出来ないような「ミサイル原潜の聖域」が完成したら、米国はどうするのか。

米国にとっては、中国との「恐怖の均衡」が揺さぶられるように見えるのではないだろうか。

この観点から、注目されるのが、台湾である。

台湾北東部の新竹の、標高２６２０メートル級の樂山には、民間衛星画像でも、フェイズドアレイ・レーダーのアンテナが判る構造物が立っている。これは、台湾空軍の「安邦計画」に基づき、１２００億円もの費用を掛けて建設された早期警戒レーダー（「台湾・中央社通信」13年1月3日）で、ＥＷＲともＳＲＰとも呼ばれる。米軍の戦略早期警戒レーダー、ＡＮ／ＦＰＳ－１１５ＰａｖｅＰａｗｓのコンポーネントを使用して組み立てられた高性能レーダーで、米国防総省の資料（contracts №６３４－５，05年）によると「防空及びミサイル防衛能力」を台湾に付与。興味深いのは「敵味方識別用の無線標識複数、ミサイル警報センター2カ所、米政府の規則と一致している台湾の軍事通信基盤を通じ、台湾の複数のミッション要素に特化した通信、インターフェース構築及びプロトコルを統合」と記述され、技術的には米国と通信、データリンクでの共通性がうかがえる。なお、ＰａｖｅＰａｗｓは、１９８０年代に米国で開発された主としてＳＬＢＭ対策用のレーダーで、台湾の樂山のレーダーＥＷＲ／ＳＲＰは、ＵＨＦ波を使用し、12年末から運用開始。12年12月の北朝鮮による「光明星３号２号機」衛星を搭載した「銀河３」の打上飛翔を「監視距離３０００ナノメートル（約５０００キロメートル）の警戒レーダーで捕捉した」（「台湾・中央社通信」13年1月5日）と報じられたこともあったが、当初、３０００キロメートル以上先の弾道ミサイルや巡航ミサイルを捕捉・追尾する能力があるとみられているようだ。

そして、このレーダーに関しては、17年に米国から4億ドル相当の技術支援が実施されており、さらに性能は向上したとみられる。なお、樂山から２０００キロメートルあまりで、ほぼ南シナ海全域がカバーできるので、このレーダーによる各種ミサイル捕捉・追尾のデータがリアルタイムで米国側に渡されるのかどうかが興味深いところだ。

南シナ海から、米本土に向かって飛翔する潜水艦発射弾道ミサイルということになれば、米国は、迎撃を試みるとともに、自らの戦略核兵器での反撃を試みるかもしれない。しかし、もし、台湾・樂山の巨大レーダーが機能しない、または、そのデータがリアルタイムで米軍にもたらされなければ、米国側の迎撃、反撃の能力が減じることになりかねない。

繰り返しになるが米国にとっては、台湾・樂山のEWR／SRPは、将来、突然、南シナ海の海中から、米本土に向かって飛翔する潜水艦発射弾道ミサイルを捕捉・追尾するのに欠かせない「目」であり、どうしても、防衛しなければならない戦略装備となるかもしれない。したがって、米国にとっては、台湾を守らなければ中国に対する「抑止」が成立しない、台湾の樂山は、米本土防衛の最前線という位置付けになるのかもしれない。

米トランプ政権は、台湾軍強化のための装備売却に前向きだった。例えば、19年8月20日に、米政府は、台湾にF－16C／Dの最新型、F－16Vブロック70型機66機と関連機材を輸出することを公表。さらに、20年8月28日、台湾にアジア初のF－16戦闘機の整備・修理・分解検査（MRO）センターが発足した。このMROセンターの発足にあたり、蔡英文総統は、「台湾の航空戦力を高め、自衛能力を強化し、国内防衛産業を世界に展開するためのマイルストーン」と位置付けた。つまり、台湾軍のF－16だけでなく、他の国のF－16の整備、修理も引き受けることも目指すということなのだろう。

アジアのF－16運用国が、この台湾MROを利用するようになると台湾と利用国の関係も微妙に変わるかもしれない。また、19年7月8日、米国は、台湾に米陸軍の主力戦車M1A2SEPV2（または、その後継のM1A2C）をベースにしたM1A2Tエイブラムス戦車108両と関連機材を輸出することを発表した。興味深いのは、物理的には、米空軍のE－8ジョイントスターズ地上戦指揮機と連接する可能性を示唆するSINCGARSラジオ・システムもその関連機材リストに入っていたこと。導入数は64台と記述され、理由は不明だが、M1A2T戦車の両数と一致していない。SINCGARSも台湾軍戦車部隊に装備されるなら、物理的には、台湾軍戦車部隊は、米空軍のE－8Cジョイントスターズ地上戦指揮機と物理的には、連接可能になるようにみえる。

言い換えれば、台湾軍戦車部隊の背後には、米空軍が控えている、ということを示唆しているのかもしれない。

米ロ間では、1969年に始まったSALT（戦略兵器制限交渉）が72年にSALT1（第1次戦略兵器制限）条約として、形が整い、以降、ABM条約（弾道弾迎撃ミサイル制限条約・72、74年）、ＳＡＬＴ２条約（79年）、ＩＮＦ条約（87年）、新ＳＴＡＲＴ（新戦略兵器削減条約・２０１０年）等、軍備管理・軍縮交渉、条約のノウハウの蓄積に半世紀近い歴史がある。

これに対して、中国は、ＩＣＢＭ、ＳＬＢＭ保有国であり、戦略核兵器の３本柱の残された大型爆撃機の保有を目指している。さらに、中国は、米ロが、長年保有してこなかった地上発射のＩＮＦ射程弾道ミサイル・巡航ミサイルを保有している。

このため、米トランプ政権は、中国にも、軍備管理・軍縮交渉に参加するよう求めていたが、中国外務省は、米中ロ３カ国軍備管理・軍縮交渉に後ろ向きともとれる姿勢を示してきた。

このことから、中国は、０９６型ＳＳＢＮ／ＪＬ－３ＳＬＢＭ計画やＨ－20爆撃機計画を国際交渉・条約の制約を受けずに進めることもありえる。中国が、米国への核抑止策として、米本国を直接、射程内に出来る装備の開発・配備に乗り出すなら、米国としては、反撃・迎撃という抑止策を重視せざるをえないだろう。その場合は、前述のように、米国は、自国防衛の「目」となりうる巨大レーダーが立っている台湾との関係をますます重視せざるをえないかもしれない。

前述の射程1万2000キロメートル級のDF－41大陸間弾道ミサイルの弾頭について、米議会に設置されている「米中経済・安全保障問題検討委員会」の19年版報告書は、前述の通り、MIRV（個別誘導再突入弾頭）化だけでなく「核ミサイルが敵のミサイル防衛を回避できるようにする超音速滑空体技術のテストが含まれる」と分析していた。繰り返しになるが、DF－41は、核弾頭を、米ミサイル防衛網の回避を目指す、極超音速滑空体に搭載する可能性もあることを示唆していたのである。

一般論だが、極超音速滑空体ミサイルであっても、滑空体を切り離すまでは、ロケット・モーターまたはロケット・エンジンで上昇する。大陸間弾道ミサイル並の射程なら、大気圏上層部や大気圏外まで、上昇することになるだろう。

そうであるなら、台湾の巨大レーダーが（極超音速滑空体搭載のDF－41型ICBMに対し、どんな役割が果たせるかは不明だが）切り離された極超音速滑空体を追尾することは困難であったとしても、発射後の上昇途中の段階までは、追尾できるのかもしれない。となれば、米国本土防衛、警報という観点からは、台湾の巨大レーダーの意味は大きいのかもしれない。

20年10月13日、台湾の蔡英文総統は、樂山の山頂にそびえる巨大レーダーを視察し、その際の映像を公開した。台湾政府が、このレーダーの映像を公開したのは初めてのことであった。その映像の一部には、外国人の姿があり、台湾の国防当局は、その人物が米国人であることを認めた、と報じられた（※3）。この巨大レーダーと米国との関係を強く示唆することになった。

中国の極超音速ミサイルは、どこに配備されているのか。すでに稼働中と報じられているDF－17極超音速滑空体ミサイル（「サウスチャイナモーニングポスト」20年9月11日）について、台湾の「Taiwan News」（20年10月19日）は、前述のように、DF－17は「台湾の真向かいにある福建省と浙江省に拠点を置いている」と報じていた。中国は、DF－17をどれくらい保有しているのか。「現状では、人民解放軍は、約100発のDF－17ミサイルを保有しているが、今後、数年のうちにさらなる生産と配備が進められると予想される」（人民日報系英字紙「GLOBAL TIMES」20年10月18日）との専門家の分析も報じられていた。

DF－17ミサイルの展開場所とみられる福建省から、東京までは約2300キロメートル、浙江省から東京まで約2000キロメートル。弾道ミサイル防衛（BMD）をかわすともいわれる極超音速ミサイル、DF－17の最大射程が約2500キロメートルであるなら、日本にとってもますます気がかりなことになるだろう。米国防総省が発行した「中国の軍事力２０２０」には、中国の主なミサイルの射程図が出ているが、それによれば、日本のほぼ全域が、ＤＦ－17の射程内となっているのだ。そして、ＤＦ－17は「米軍にとってやっかいな存在ではあるだろうが、米軍は既に有効な対抗手段を用意しているだろう」（「ニューズウィーク」電子版20年10月21日）との分析記事もあった。米軍が用意している〝有効な対抗手段〟とは、どんな手段なのだろうか。そして、それは、ＤＦ－17以外の中国の極超音速ミサイル・プロジェクトだけでなく、星空－2、ＤＦ－１００、それに、Ｈ－６Ｎ爆撃機に搭載される空中発射型弾道ミサイル（ＣＨ－ＡＳ－Ｘ－13？）等にも、物理的には〝有効な対抗手段〟となりうるものなのだろうか。

20年8月10日、米空軍・横田基地に、機体全体が白く塗装されたボンバルディア・チャレンジャーＣＬ－６００／６５０型機が飛来した。ボンバルディア・チャレンジャーは、１９７８年に初飛行を行った双発のビジネスジェット機のヴァージョンアップ版。しかし、機体全体が白く塗装されていたので、所属はわかりにくかった。機体の上面と下面には、アンテナが林立している。そして、機体前半部の下部には、カヌー状のフェアリング（覆い）が突き出していた。同機は、２０２０年8月中旬以降、9月中旬まで、沖縄・嘉手納基地に移り、途中、9月9日には、韓国上空も飛んだ（「聯合ニュース」20年9月9日）という。

このCL－600／650は、何だったのか。

「フォーブス」電子版（20年8月13日）は、突き出したフェアリングやアンテナ等が、前記のCL－600／650にそっくりなチャレンジャーの画像を掲げ、「新型偵察機は、米陸軍の1000マイル（約1600キロメートル）先を狙う兵器のため、標的を定めることが可能になる」と題した記事を掲載した。同機は、チャレンジャーCL－600／650型機に、強力な対地レーダーと高感度の電子情報システムを組み合わせたHADES（高精度検出・探索システム）を搭載した米陸軍の〝アルテミス偵察機〟であると紹介したのである。米陸軍にとっては、民間ビジネス機改造機であるとは云え、初のジェット偵察機である。そして、同記事は「（20年）7月28日にアルテミス1機が日本に飛来し、姉妹機が、沖縄の巨大な基地の近くで頻繁に監視飛行を行った」と記述していたのである。アルテミス偵察（監視）機は、同時期に2機も日本に飛来していたのであろうか。

では、このアルテミスの能力と任務、「米陸軍の1600キロメートル先を狙う兵器のため、標的を見つける」とはどういうことなのか。前出の記事によれば、「（HADESの）

レーダーは、戦車などの移動する標的を見つけ、恐らくは、船舶も検出可能。受信機は、高度4000フィート（約12キロメートル）で飛行すると、全ての方位に向かって、数百マイルをスキャンできる」。そして、アルテミスは「高高度のセンシング機能を提供し、マルチドメイン運用ミッションのギャップを埋める……陸軍のマルチドメインミッションは、ミサイル防衛と長距離射撃と位置付けられている」という。米陸軍は、極超音速ミサイルと、最大射程1000マイルというSLRC（戦略長距離カノン砲）計画を進めているが、同記事は、「1000マイル以上離れた標的にぶち当たる極超音速ミサイル」もあげ、「SLRCと極超音速ミサイルの2つは、西太平洋における戦争の際には、米陸軍が成しうる主たる貢献」と指摘。しかし、このような長距離射撃の際には、「打撃する前に、離れた標的を見つける必要」がある。米空軍の航空機、海軍の艦船、偵察衛星も標的を見つけられるが「米陸軍が、アルテミスとHADESに注力するのは、この件があるためで、これら（アルテミスとHADES）によって、スタンドオフ作戦において、地上の司令部に重要な標的を見つけ、位置を特定し、追跡できるようになる」というのである。

つまり、米陸軍のアルテミス・プロジェクトは、米軍の極超音速ミサイルを発射する際の標的捕捉・追尾用のシステムであり、将来は、さらにHADESを搭載した大型機を約

10機調達する見通し、という。すなわち、20年夏に日本に展開したCL600／650チャレンジャーは、あくまでも、〝コンセプト試験機〟であって、28年頃から始まる量産型アルテミス偵察機は、もっと大型のボーイング737型機、または、ガルフストリームG550ビジネスジェット機を使用する見込みという。

CL650の最高巡航高度は、約12・5キロメートルで、ボーイング737とほぼ同じだが、ガルフストリームG550は、15・5キロメートルと高く飛行でき、さらに広範囲をスキャン出来るのかもしれない。さらに、ボーイング737やG550のような大型機であれば、長時間飛行でき、レーダー等のセンサーに供給できる電力が増え、より広い範囲を精緻に監視ができるのかもしれない。

アルテミスが、極超音速ミサイルやSLRC部隊の「目」となる装備だとすれば、20年夏のCL－600／650型チャレンジャー型アルテミスの日本展開は、将来の極東への極超音速ミサイル展開／配備について、何らかの可能性を見据えたものなのだろうか。

前述の「フォーブス」電子版（20年8月13日）は、「米陸軍は試験段階の偵察機を中国に近い西太平洋上空に飛ばした。理由は明らかだ。陸軍は、米国と中国の間で起こりうる戦争における役割を理解していて、それを支援するために新しいハイテク機器を購入している。巨大な大砲や超高速ロケット等だ。しかし、すべての新しい特徴ある砲とミサイルは、撃つための標的を必要とする。新しい監視機は、可能性として、そうした標的を見つけるのに役立つ」という。

つまり、アルテミスの日本展開は、中国を見据えたものだ、という見解だ。アルテミスは、米陸軍のプロジェクトなので、そのデータを使用する極超音速ミサイルとして考えられるのは、同じく米陸軍のプロジェクト、LRHW（長距離極超音速兵器）とDARPAが所管している地上発射極超音速ミサイル・システムOpFiresということだろうか。

また、米空軍は、20年8月8日、カリフォルニア州・エドワーズ空軍基地で、米空軍用の極超音速滑空体ミサイル、AGM－183A ARRWのキャプティブ弾、IMV－2を2発搭載しての飛行実験を実施し、成功した。マッハ20、射程約1000キロメートルを目指すAGM－183Aの初飛行は22年が目標とされているが、前述のように、沖縄・嘉手納基地に2個飛行隊編成されているF－15C／D戦闘機が、仮にF－15EX戦闘攻撃機に機種変更されれば、射程1000キロメートルの対地攻撃用極超音速ミサイルが搭載可能となるのかもしれない。

ところで、米国の極超音速ミサイル計画のうち、米海軍のＣＰＳ（通常即時打撃）ミサイルと米陸軍のＬＲＨＷ（長距離極超音速兵器）システムは、米海軍が、開発を主導しているＣ－ＨＧＢ（共通－極超音速滑空体）を共通の弾頭として使用するが、20年３月19日午後10時30分（現地時刻）に、ハワイ・カウアイ島のＰＭＲ（太平洋ミサイル射場）から17年以来となる２回目の発射試験を実施した。第三章で紹介したとおり、この試験の結果について、ライアン・マッカーシー陸軍長官は、同年10月13日、Ｃ－ＨＧＢは「標的から６インチ以内に的中した」と発表した（「Defense News」20年10月13日）。この弾着精度は、十分、注目に値する。

Ｃ－ＨＧＢを使用する米海軍のＣＰＳ極超音速ミサイルは、射程は筆者には不詳だが、ヴァージニア級ブロックＶ攻撃型原子力潜水艦に搭載される予定なので、海中から敵地に忍び寄り、〝戦略的任務〟を非核兵器で果たすことになるかもしれない。そして、Ｃ－ＨＧＢを搭載し、23年頃までに配備が始まる見通しである米陸軍の極超音速滑空体ミサイル、ＬＲＨＷの最大射程は、米議会調査局報告（※１）では、２２４０キロメートルを目指すことになっているが、ロシアの軍事情報誌／サイトの「News Defense Order.Strategy ２０２０ №５（64）」によれば、推定値として「現時点では、最低でも２０００キロメートル、（4000キロメートルまで延びる可能性も）」との見立てもあった。

ただ、いずれにしても、精度の高い着弾は、精度の高い標的情報が前提となるので、HADESセンサーを搭載した量産型アルテミス偵察／監視機は、米陸軍にとっては、LRHWの作戦に投入するための大前提となるかもしれない。20年夏のアルテミス試験機の日本飛来・展開は、米陸軍のLRHWやOpFiresの将来の極東展開・配備を示唆したものかもしれない。

前述の通り、米海軍は、ヴァージニア級ブロックV攻撃型原潜に搭載するCPSミサイルについて、28年会計年度で初期作戦能力（IOC）獲得を目指している。

もちろん、ヴァージニア級ブロックV攻撃型原潜は、CPS極超音速ミサイルを潜航したまま発射することになるだろう。前述のC－HGBの着弾精度を活かすためには、標的に関する位置データが必要になるだろうが、筆者には、それが、どんな手段になるのか、想像もつかない。

米海軍が、海中からのCPS極超音速ミサイル発射の際にも、米陸軍のアルテミス観測・偵察機の標的データも使用するということならば、将来の量産型アルテミス機の存在は、ますます、重要となるのかもしれない。

②

紺色

番線印

出版社

書名

定価

著者

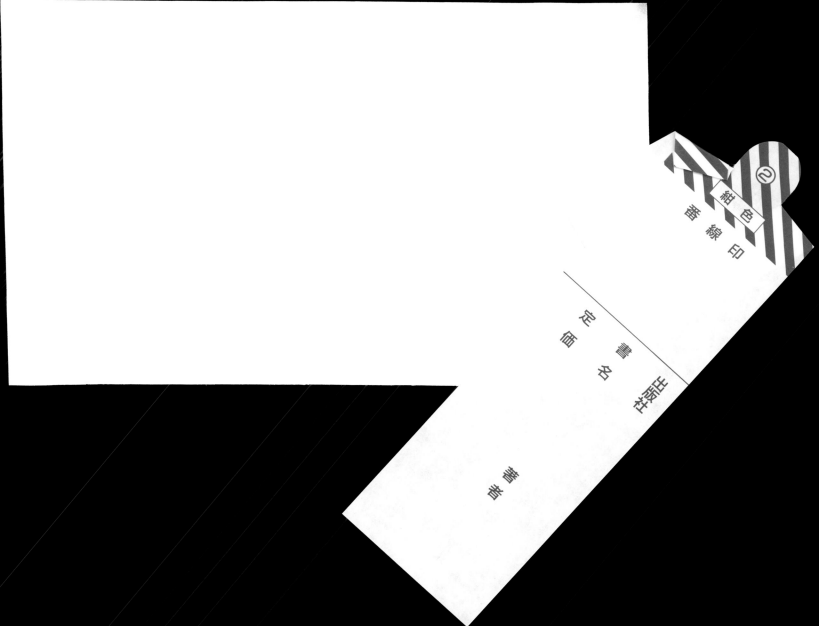

揺らぐ「恐怖の均衡」の行方

２０２０年11月16日、米本土ネブラスカ州のオファット空軍基地で、１９６２年に製造された機体番号62－３５８２の軍用機が退役した。ＷＣ－１３５Ｃコンスタントフェニックス。コンスタントフェニックスは、米空軍にたった２機しかない特殊偵察機で、飛行中に、左右の主翼の上に突き出したポッドに大気中の空気サンプルを取り込み、核実験の際に、空気中に放出される放射性物質という「核実験の証拠」を抑える特殊な偵察機だ。極東では、２００６年以降、北朝鮮で核実験の兆候がみられるたびに、沖縄・嘉手納基地に展開。オペレーションを実施した。

核実験は、核兵器開発の過程で行われる。核兵器拡散は、核実験と無縁ではなく、その重要な見張り役が米空軍のコンスタントフェニックスなのだ。米空軍は、退役したＷＣ－１３５Ｃの代わりに22年末までに新しいＷＣ－１３５Ｒ型特殊偵察機３機を就役させる予定だが、ＷＣ－１３５Ｒ型機の就役までの間、米国は、他国の核実験を空で確認し、証拠を抑えるオペレーションを、もう１機のコンスタントフェニックス、ＷＣ－１３５Ｗ特殊

偵察機、たった1機に依存することになる（※1）。

つまり、一定期間、核実験の見張りが、これまでより手薄になる、ということだ。恐怖の均衡は、核拡散＝核兵器保有国の増大というかたちでも揺さぶられる。

第二章で記述したように、極超音速ミサイルの構想、CPGS（非核即時全地球規模打撃構想）は、米オバマ政権下で生まれ、その目的は、戦略核兵器の非核化、非核戦略兵器の登場を目指すものであった。

だが、その後、極超音速滑空体ミサイル、極超音速巡航ミサイル、それに空中発射弾道ミサイルの開発・配備で米国より先行しているロシアは、核弾頭を内蔵した極超音速滑空体を、すでにICBMに搭載している。中国も、極超音速ミサイルに、核弾頭を搭載する可能性を米議会調査局に指摘されている。極超音速ミサイルなら、西側のミサイル防衛（MD）を突破し、標的に到達できる可能性が高くなる。

ロシアも中国も、海を挟んで、日本の隣国だ。それに対し、米国はどのような状況か。20年末現在、米国は、極超音速ミサイルの開発途上にあり、まだ、実用化や部隊配備の段階にはない。

では、近い将来、極超音速ミサイルは、米国や欧州をはじめとする西側の技術で迎撃できるようになるのだろうか。

極超音速ミサイルを迎撃する技術を開発するためには、標的となる極超音速飛翔体がなければ難しい。極超音速で飛翔する標的がなければ、仮に開発した極超音速ミサイル迎撃手段を試験したり、実証したりすることができないと考えられるからだ。

第二章で記述したように、21年に就任したバイデン大統領は、かつて、オバマ政権の副大統領であった10年2月、「我々は（核兵器と）同じ目的を達成する複数の手段を開発している」、「ミサイル防衛の盾、世界的な範囲に届く通常（＝非核）弾頭、開発中のその他の能力、そして、他の核大国が削減に加わることによって、核兵器の役割を減らすことが出来る」と述べていた。

つまり、核兵器の役割を果たす非核兵器を開発して、核兵器を削減。将来は廃絶するというのがオバマ大統領の構想であった。

その「非核兵器」とは、極超音速兵器であった。

核兵器が果たしている役割とは、「恐怖の均衡」のことだろう。

オバマ大統領は、「核兵器のない世界を目指す」（09年4月5日：プラハ演説）と述べたが、「均衡」の維持に神経を使っていたことは、10年の米ロ新ＳＴＡＲＴ条約署名が示している。

米ロの戦略核兵器の均衡を維持しながら、軍縮を行うのが、新ＳＴＡＲＴの目標であったからだ。

バイデン副大統領（当時）は、ロシアや中国にも、核兵器と同じ役割を果たす通常兵器、例えば、非核の極超音速ミサイルを開発・装備して核削減に加わってほしかった、ということだろうか。確かに、ロシアも中国も、極超音速ミサイルを開発している。しかも、開発試験や配備は、米国より先行している。だが、ロシアは、前述したように、核弾頭を内蔵したアヴァンガルド極超音速滑空体を古いＩＣＢＭ（ＳＳ－19大陸間弾道ミサイル）に搭載、配備したのである。ロシア、中国は、バイデン副大統領（当時）が期待したように「（核兵器）削減に加わる」のだろうか。

「（米国防総省の）極超音速兵器への（予算）投資は、過去には比較的抑制されてきた。しかし、国防総省と議会の双方が、極超音速システムの開発と短期的な展開を追求することにますます関心を示している。これは、ロシアと中国でこれらの技術への関心が高まっていることによるものだ」、「（ロシアと中国には）多数の極超音速兵器プログラムがあり、20年には早くも核弾頭を装備する可能性のある極超音速滑空飛翔体を運用することが予想されている。ロシアや中国のものとは対照的に、米国のほとんどの極超音速兵器は、核弾頭を使用するように設計されていない。その結果、米国の極超音速兵器は、核武装した中国やロシアのシステムよりも高い精度を必要とし、開発が技術的に困難になる可能性がある」（※2）というのである。

核弾頭を使用しない故に、米国の極超音速ミサイルは、標的にピタリと当てる精度が必要となり、その開発は、技術的困難にぶつかる可能性があるというのだ。その上、ロシアと中国の極超音速兵器プロジェクトに先行を許している状況下で、21年2月に、米ロ新START条約は期限を迎える。核・非核を問わず、地上発射の射程500～5500キロメートルの弾道ミサイル及び巡航ミサイルの全廃を定めていたINF条約が、19年に無効化したあと、米ロの戦略兵器の削減を規定した新START条約は、貴重な戦略兵器の軍縮条約でもあった。仮に、新START条約が延長された場合、極超音速滑空体ミサイルや極超音速巡航ミサイルは、米ロ新START条約の規制対象となり得るのか、興味深いところである。

前述の通り、新START条約（10年署名）のプロトコール6・［5］には、「飛翔経路のほとんどで、弾道軌道であるミサイル」と規定している。つまり、新START条約では、弾道ミサイルを「飛翔経路のほとんどが弾道軌道」と規定していたのである。

では、部分的楕円軌道を描かないことを目的に開発されている極超音速滑空体や極超音速巡航ミサイルは、新ＳＴＡＲＴ条約では、どのような扱いになるのか。この件に関連して、ロシア国防省は、19年11月26日、「戦略的攻撃兵器のさらなる削減と制限のための措置に関する条約『新ＳＴＡＲＴ条約』の下、米国の査察グループは、19年11月24～26日にロシアの領土で極超音速ブースト滑空飛翔体アヴァンガルド・ミサイルシステムを視察した」との声明を発出した（「The Drive」19年11月26日）。また、19年1月、ロシア政府はロシア議会議員にアヴァンガルドについて「……（新ＳＴＡＲＴ）条約の対象となる戦略的攻撃兵器のカテゴリーとは何の関係もない」との書簡を送っていた（「The Drive」19年11月26日）との指摘もあった。

ロシア側は、極超音速滑空体であるアヴァンガルドも「ＩＣＢＭの弾頭のオプションの1つ」という考え方を米国側に示したということであり、ＳＳ－19／ＵＲ－１００Ｎというれっきとしたエ ＣＢＭに、部分的楕円軌道を描かない飛翔体が搭載されても、大陸間弾道ミサイル、つまり、新ＳＴＡＲＴ条約で規定された長距離弾道ミサイルの規定に当てはまる、という考えをロシアが示したことになる。

しかし、これは、新ＳＴＡＲＴ条約の対象である既存のＩＣＢＭに、極超音速滑空体を搭載したから成立する考えなのかどうか、新開発のミサイルに搭載する場合は、どうなるのか、これも筆者には不詳である。

「恐怖の均衡」が揺さぶられようとする中、バイデン米大統領には、どのような選択肢があるのか。これは、日米安保条約に基づく日本の安全保障にも無関係というわけにはいかないだろう。

極超音速兵器プロジェクトは、ロシアと中国が、米国に先行しているが、極超音速兵器の発射を監視、追尾し、さらに迎撃を行うには、宇宙に配備するセンサーと高度な迎撃ミサイル技術が必要になる。

バイデン米大統領が、米国及び日本を含む同盟国に対する極超音速ミサイルの脅威について、どう対処するのか。決断する時は迫っているのかもしれない。

本書は、軍事評論家の岡部いさく氏の協力と、扶桑社の高久裕氏の叱咤激励により完成した。謝辞申し上げる。

https://www.sda.mil/sda-awards-contracts-for-the-first-generation-of-the-tracking-layer/
※4 DefenseWorld.NET
「L 3 Harris, SpaceX Selected to Build Satellites that Track Hypersonic Missiles」
https://www.defenseworld.net/news/28013/L3Harris__SpaceX_Selected_to_Build_Satellites_that_Track_Hypersonic_Missiles#.X-XDVqY0OUk
※ 5 DOD News（2020年10月5日 ）https://www.defense.gov/Explore/News/Article/Article/2372647/agency-awards-contracts-for-tracking-layer-of-national-defense-space-architectu/
※6 SDA（2020年11月9日）
www.sda.mil/gotta-go-fast-how-americas-space-development-agency-is-shaking-upacquisitions/
※7 「Aviation & Space Technology 2020/5/18－31」（p.36）
※8 The Drive The Navy's Arleigh Burke Class Destroyers To Be Armed With Hypersonic Weapon Interceptors
https://www.thedrive.com/the-war-zone/32492/the-navys-arleigh-burke-class-destroyers-to-be-armed-with-hypersonic-weapon-interceptors
※ 9 The Long Range Discrimination Radar is One Step Closer to Tracking Next Generation Threats | Lockheed Martin
https://www.lockheedmartin.com/en-us/news/features/2020/the-long-rangediscrimination-
radar-is-one-step-closer-to-tracking-next-generation-threats.html
※10 米議会調査局報告「Russia's Nuclear Weapons: Doctrine, Forces, and Modernization」（2020年1月2日改訂）
※11 米議会調査局報告「Russia's Nuclear Weapons: Doctrine, Forces, and Modernization」（2020年7月20日）
※12 Global Security「Algeria - Rezonans-NE trans-horizon radar」
https://www.globalsecurity.org/military/world/algeria/rezonans-ne.htm
※13 Jane's Land Warfare Platforms :Artillery＆Air Defence 2018-19

【第五章】
※ 1 米議会調査局報告「U.S.-China Strategic Competition in South and East China Seas：Background and Issues for Congress」（2020年12月17日）
※ 2 米議会調査局報告「U.S.-China Strategic Competition is South and East China Seas:Background and Issues for Congrss」（2020年8月28日）
※3 中時新聞網 （2020年10月13日） https://www.chinatimes.com/realtimenews/20201013005811-260407

【あとがき】
※1 米空軍OFFUTT AIR FORCE BASE「Offutt bids farewell to aging workhorse」
https://www.offutt.af.mil/News/Article/2416028/offutt-bids-farewell-to-agingworkhorse/
※2 米議会調査局報告「Hypersonic Weapons: Background and Issues for Congress」（2020年11月23日）

com/2020/09/07/brahmos- ii-and-lr-lacm-could-be-indias-hypersonics/
※9 「Defence World」(2020年8月26日) https://www.defenseworld.net/news/27721/Hypersonic_BrahMos_Missile_to_fly_by_2028#.X 8 DEOaY 0 OUk
※10 「EconomicTimes」(2020年11月24日)
https://economictimes.indiatimes.com/news/defence/india-to-carry-out-multiple-live-tests-of-brahmos-missile-this-week/articleshow/79382859.cms
※11 「Popular Mechanics」(2020年3月24日) https://www.popularmechanics.com/military/weapons/a31915802/hypersonic-missile-test/
※12 「BREAKING DEFENSE」(2020年3月20日)
https://breakingdefense.com/2020/03/hypersonics-army-navy-test-common-glidebody/
※13 米議会調査局報告 「Conventional Prompt Global Strike and Long-Range Ballistic Missiles: Background and Issues」(2020年2月14日)
※14 「Gunter's Space Page:STARS」
https://space.skyrocket.de/doc_lau/stars.htm
米会計検査院報告:弾道ミサイル防衛 カウアイ島から発射される戦略標的システム(1993年9月)
https://www.gao.gov/assets/220/218548.pdf
※15 Fiscal Year (FY) 2021 Budget Estimates Army,Justification Book of Research, Development, Test & Evaluation, Army RDT&E − Volume II, Budget Activity 4 (2020年2月)
※16 米空軍プレスリリース X−51Aウエーブライダー
https://www.af.mil/About-Us/Fact-Sheets/Display/Article/104467/x-51awaverider/
※17 p.524, Exhibit R- 2 A, RDT&E Project Justification: PB 2021 Navy FY2021
※18 米空軍プレスリリース
https://www.afmc.af.mil/News/Article-Display/Article/2427745/global-powerbomber-ctf-conducts-b- 1 b-external-captive-carry-demonstration/
※19 Operational Fires (OpFires) ,DARPA https://www.darpa.mil/program/operational- fires
※20 OpFires Program Advances Technology for Upper Stage, Achieves Preliminary Design Review (DARPA)
https://www.darpa.mil/news-events/2019-10-04
※21 防衛装備庁「研究開発ビジョンスタンド・オフ防衛能力の取組」
https://www.mod.go.jp/atla/soubiseisaku/vision/rd_vision_kaisetsuR0203_05.pdf

【第四章】

※1 米議会調査局報告「Hypersonic Weapons: Background and Issues for Congress」(2019年9月17日)
※2 「Gotta go fast: How America's Space Development Agency is shaking up Acquisitions」(2020年11月9日)
https://www.sda.mil/gotta-go-fast-how-americas-space-development-agency-is-shaking-up-acquisitions/
※3 「SDA Awards Contracts for the First Generation of the Tracking Layer」

参考文献リスト

【第一章】

※1　原子科学者会報（Bulletin of the Atomic Scientists）https://journals.sagepub.com/doi/full/10.2968/066004008
米国科学者連盟（FAS）https://fas.org/issues/nuclear-weapons/status-worldnuclear-forces/

※2　Russia released secret footage of history's largest man-made explosion — a nuclear blast thousands of times stronger than Hiroshima https://www.businessinsider.com/russia-declassified-footage-of-largest-nuclear- blast-tsarbomba-2020- 9

※3　「The Kremlin's Nuclear Sword」（p.70-73）　Steven J.Zaloga著　2002年

※4　「Guardians」（p.305～p.310）　Curtis Peebles著　1987

※5　「The Kremlin's Nuclear Sword」（p.123～124）　Steven J.Zaloga著　2002年

※6　「Guardians」（p.326）　Curtis Peebles著　1987年

※7　Arms Control Association「No Progress Toward Extending New START」2020/7,8
https://www.armscontrol.org/act/2020-07/news/progress-toward- extending-newstart

【第二章】

※1　米議会調査局報告　「Conventional Prompt Global Strike and Long-Range Ballistic Missiles　Background and Issues（p.10)」（2020年12月16日）

【第三章】

※1　「THE　DIPLOMAT」（2019年8月13日）「Russia Showcases 'Kinzhal' Nuclear-Capable Air-Launched Ballistic Missile at Air Show」 https://thediplomat.com/2019/08/russia-showcases-kinzhal-nuclear-capable-air-launched-ballistic-missile-at-air-show/

※2　米議会調査局報告「Hypersonic Weapons: Background and Issues for Congress」（2020年12月1日）

※3　JAXAプレスリリース（2002年5月23日）https://www.jaxa.jp/press/nal/20020523_jetengine_j.html

※4　米議会調査局報告「Hypersonic Weapons: Background and Issues for Congress」（2020年11月6日）

※5　極超音速プラズマ流での空力加熱の磁場による制御（第15回数値流体力学シンポジウム　D01-3　2001年　JSCFD）
www2.nagare.or.jp/jscfd/cfds15/papers/D01/D01-3.pdf

※6　「Russian Physicists Solve Radio Black-Out Problem for Re-Entering Spacecraft」MIT　TECHNOLOGY　REVIEW　（2020年1月5日）
https://www.technologyreview.com/2011/01/05/197773/russian-physicists-solveradio-black-out-problem-for-re-entering-spacecraft/

※7　「The　Diplomat」（2019年5月7日）https://thediplomat.com/2019/05/pentagon- air-launched-ballistic-missile-will-realize-chinas-nuclear-triad/
diegel「CH－AS－X13」https://www.deagel.com/Offensive%20Weapons/CH-AS-X-13/a003665

※　8　「INDIA DEFENSE DIALOGUE」（2020年9月7日　）www.indiadefencedialogue.

能勢伸之（のせ・のぶゆき）
1958年生まれ。早稲田大学第一文学部卒業。軍事・安全保障関連の取材から、軍事専門誌・雑誌への寄稿も多く、著書に、「検証　日本着弾『ミサイル防衛』とコブラボール」（共著・扶桑社）、「防衛省」、「ミサイル防衛」（いずれも新潮新書）、「東アジアの軍事情勢はこれからどうなるのか　データリンクと集団的自衛権の真実」（PHP新書）、「弾道ミサイルが日本を襲う」（幻冬舎ルネッサンス新書）、「岡部いさく&能勢伸之のヨリヌキ週刊安全保障」（大日本絵画）がある

扶桑社新書 364

極超音速ミサイルが揺さぶる「恐怖の均衡」
日本のミサイル防衛を無力化する新型兵器

発行日　2021年2月1日　初版第1刷発行

著　　者……能勢伸之
発 行 者……久保田榮一
発 行 所……株式会社　扶桑社
〒105-8070
東京都港区芝浦1-1-1　浜松町ビルディング
電話　03-6368-8887（編集）
03-6368-8891（郵便室）
www.fusosha.co.jp

装丁･本文デザイン……株式会社 明昌堂
印刷・製本……株式会社 廣済堂

Printed in Japan ISBN978-4-594-08718-0